Manuel Matias
Nuno Barraca
Fernando Almeida

Investigação geofísica integrada de alta resolução de um mosteiro

Manuel Matias
Nuno Barraca
Fernando Almeida

Investigação geofísica integrada de alta resolução de um mosteiro

ScienciaScripts

This book is a translation from the original published under ISBN 978-3-330-35171-4.

Publisher:
Sciencia Scripts
is a trademark of
Dodo Books Indian Ocean Ltd. and OmniScriptum S.R.L publishing group

120 High Road, East Finchley, London, N2 9ED, United Kingdom
Str. Armeneasca 28/1, office 1, Chisinau MD-2012, Republic of Moldova, Europe
Printed at: see last page
ISBN: 978-620-7-62319-8

LISTA DE CONTEÚDOS

CAPÍTULO 1

l. Introdução

O património edificado e os monumentos são referências de um passado e de uma história para as gerações futuras, mas também activos importantes que podem impulsionar a economia local e nacional.

Com o crescimento do turismo e dos interesses culturais, os projectos de conservação e reabilitação de centros urbanos tradicionais e de edifícios de interesse local, nacional ou mundial são uma atividade crescente. Isto cria desafios e exige novas soluções por parte dos arquitectos e engenheiros, uma vez que a conservação e a reabilitação do património construído e dos edifícios históricos antigos devem preservar e respeitar as suas características arquitectónicas e de construção.

Os projectos de reabilitação requerem o máximo de informação possível sobre os edifícios a intervir. É necessário um conhecimento detalhado do estilo ou estilos arquitectónicos e uma informação completa deve incluir a geologia local, a hidrogeologia, as fundações, os materiais, as técnicas de construção, a evolução, as modificações, as fases, as infra-estruturas e as patologias desenvolvidas que ocorreram desde a construção.

No entanto, muitas vezes os engenheiros e arquitectos dispõem de pouca informação sobre esses assuntos, uma vez que os documentos históricos escritos podem ser raros e a maior parte da informação passou de geração em geração por tradição oral. É claro que é sempre possível comparar edifícios e monumentos do mesmo período, mas mesmo nessas circunstâncias, cada monumento tem as suas próprias características e particularidades. Além disso, no passado, o tempo necessário para a construção de edifícios monumentais era geralmente longo, décadas ou mesmo séculos, e, por conseguinte, poderiam ter sido utilizados diferentes estilos e características durante a construção.

A informação necessária para um projeto de restauro pode ser obtida por observação direta e amostragem dos edifícios. No entanto, isto requer normalmente a utilização de técnicas directas/invasivas e estas técnicas oferecem informações no ponto de amostragem ou na sua proximidade. Por conseguinte, um levantamento exaustivo e completo de um monumento é dispendioso e demorado. Além disso, a amostragem e o ensaio directos de um monumento são susceptíveis de causar danos ou alterar as características estruturais ou arquitectónicas culturais do edifício.

Tendo em conta estes problemas, deve ser considerada a utilização de técnicas indirectas, não invasivas, de alta resolução e rápidas, que permitam obter imagens precisas, a um custo razoável, dos monumentos e do património construído.

As técnicas tradicionais de exploração geofísica, se aplicadas e adaptadas corretamente, podem fornecer informações valiosas, cobrir grandes partes dos monumentos e, assim, fornecer as informações necessárias para um projeto de restauro e reabilitação fundamentado.

São muitos os exemplos da aplicação de Métodos Geofísicos à cartografia geológica, caraterização do subsolo para fundações de edifícios, caraterização de materiais de construção, estudos de patologia e integridade (Nazarian et al, 2007, Coutinho e Mayne, 2012, Barraca et al 2016). A aplicação de Métodos Geofísicos à investigação e caraterização do património construído e monumentos

(Cosentino e Deganello, 2003; Piro et al., 2015) levou ao desenvolvimento da chamada micro geofísica, Cosentino et al., 2011.

A maioria dos métodos de exploração geofísica tem sido utilizada para investigar o património construído, ou seja, a tomografia sísmica 2D/3D, o radar de sondagem do solo (GPR), a tomografia de resistividade eléctrica (ERT) e a microgravimetria. No entanto, outras técnicas, como o ruído ambiente sísmico, as ondas ultrassónicas e a emissão de infravermelhos e a ressonância magnética nuclear também têm sido utilizadas (Cosentino et al., 2011, Panisova et al., 2013,Castellaro et al., 2008, Capitani et al., 2012).

A complexidade destes problemas exige a utilização de uma combinação de métodos para obter o máximo de informação e reduzir a ambiguidade de interpretação inerente aos dados geofísicos, Cataldo et al.2005; Faella et al., 2012; Martinho e Dionísio, 2014.

O Mosteiro da Batalha, do século XIV, Património Mundial da UNESCO desde 1983, Fig. 1, coloca muitos problemas que necessitam de ser esclarecidos, tais como, as fundações, os materiais e técnicas de construção, as estruturas antrópicas enterradas e a localização das infra-estruturas.

Fig. 1 Mosteiro da Batalha

Devido à sensibilidade e delicadeza do monumento, bem como às vastas áreas a pesquisar, os métodos geofísicos são as ferramentas lógicas a adaptar e utilizar. Assim, foi realizado um levantamento geofísico integrado do Mosteiro da Batalha, incluindo imagens de resistividade 3D, GPR 2D/3D e tomografia sísmica de alta resolução, Almeida et al, 2016, Matias et al, 2017, para esclarecer os problemas acima descritos.

As técnicas de medição, as estratégias de campo e o processamento de dados geofísicos foram desenvolvidos ou adaptados para maximizar a informação e a modelação, sem causar danos ao monumento.

O trabalho, as técnicas e os resultados estão organizados em capítulos:

   - O capítulo 2 descreve os objectivos do trabalho;

- O capítulo 3 apresenta um breve historial do Monumento;
- O Capítulo 4 resume a Geologia, Hidrogeologia e Sismologia da Região da Batalha;

- O Capítulo 5 descreve o levantamento de resistividade de alta resolução e inclui o desenvolvimento de eléctrodos apropriados, o desenvolvimento de uma matriz de resistividade 3D não convencional, verificações de qualidade, processamento de dados e discussão dos resultados;
- O capítulo 6 descreve o levantamento GPR de alta resolução, incluindo aspectos particulares do processamento de dados;
- O Capítulo 7 aborda a integração da resistividade 3D com dados e modelos GPR 3D;
- O capítulo 8 apresenta o estudo de tomografia sísmica dos pilares da Nave.
- Por último, os capítulos 9, 10 e 11 contêm, respetivamente, as observações finais, os agradecimentos e a bibliografia.

CAPÍTULO 2

2.Objectivos

O Mosteiro da Batalha apresenta uma degradação acentuada em locais específicos, tais como, colunas e fracturas expostas. Por outro lado, não existe ainda informação suficiente sobre as fundações, características das técnicas construtivas, materiais e estruturas antrópicas sob o Mosteiro.

Assim, os objectivos deste levantamento geofísico integrado são a aplicação de métodos geofísicos não invasivos para a solução desses problemas e, em particular:

a) Desenvolver ou adaptar equipamento de campo que permita a aquisição de dados geofísicos de alta resolução, sem qualquer tipo de armadura, física e química, para as estruturas do Mosteiro.

A aplicação de métodos de resistividade em locais que não podem ser danificados por eléctrodos, quer de potencial quer de corrente, requer cuidados especiais. Não é possível introduzir fisicamente os eléctrodos nos edifícios, uma vez que os danificam. Por outro lado, a utilização de eléctrodos não polarizáveis pode levar à fuga de soluções químicas para o interior dos monumentos e, por conseguinte, a danos permanentes. Assim, é necessário conceber eléctrodos especiais que não causem qualquer dano físico ou químico aos monumentos.

b) Desenvolver técnicas de resistividade 3D adequadas para efetuar investigações do solo sob o Mosteiro e algumas áreas mais restritas no interior do Mosteiro.

Recentemente foram propostos conjuntos especiais de eléctrodos e técnicas de campo para a realização de imagens de resistividade 3D em áreas urbanas, Almeida et al, 2016. No caso do Mosteiro da Batalha, tendo em conta o espaço, a geometria e os eléctrodos desenvolvidos, foi testado e utilizado um arranjo particular de eléctrodos, o arranjo de eléctrodos pólo-pares-ímpares, e desenvolvidas técnicas de processamento de dados.

c) Aplicar as técnicas de Radar de Sondagem 3D e adaptar ou desenvolver métodos de processamento de dados para obter imagens do Mosteiro.

A utilização de técnicas de Radar de Sondagem do Solo 3D em espaços confinados pode levar a ruídos e reflexos indesejados de paredes, tectos e artefactos. Para além disso, as fortes e frequentes alterações laterais nas propriedades do solo podem exigir técnicas específicas de remoção de fundo, filtragem, análise de velocidade e migração (se aplicadas). Assim, estes aspectos foram considerados e as soluções testadas antes de apresentar os radargramas e time-slices finais.

d) Sobrepor e comparar imagens de resistividade 3D e de radar de sondagem do solo 3D para melhorar a interpretação.

Algumas áreas do mosteiro foram estudadas utilizando resistividade 3D e radar de sondagem 3D. Imagens e modelos de alta resolução de ambos os métodos foram sobrepostos para aprofundar a interpretação. Deste modo, foi possível comparar diferentes informações e obter uma interpretação global melhorada.

e) Investigar o terreno sob a Nave para clarificar as fundações e eventualmente localizar estruturas antrópicas enterradas.

O levantamento geofísico na Nave pretende investigar a natureza do solo sob as lajes e correlacionar os resultados com as fundações. No entanto, há locais onde se suspeita que existam estruturas antrópicas enterradas; nestas áreas propõe-se a realização de sondagens específicas e pormenorizadas para investigar a presença de tais estruturas.

f) Detalhar algumas áreas mais pequenas na Sala do Capítulo utilizando a resistividade 3D e o radar de sondagem 3D.

A Sala do Capítulo, junto à Nave, foi sondada com resistividade 3D e Radar de Sondagem 3D para investigar estruturas enterradas relacionadas com a sua construção e localizar estruturas antrópicas.

g) Investigar a estrutura interna das colunas utilizando a tomografia sísmica de alta resolução.

Uma simples inspeção visual identifica os danos e a deterioração das colunas da nave. Para além disso, a natureza do material no interior das colunas é desconhecida. Por conseguinte, foi efectuado um estudo de tomografia sísmica de alta resolução das colunas da Nave. Este levantamento pretendeu investigar a estrutura interna das paredes com base na distribuição direta da velocidade da onda P no interior das colunas. Foi efectuada uma comparação desta distribuição de coluna para coluna para identificar as mais danificadas.

CAPÍTULO 3

3. O Mosteiro da Batalha - uma breve história

O Mosteiro da Batalha, com o nome original de Mosteiro de Santa Maria da Batalha, foi construído para cumprir uma promessa feita pelo rei D. João I à Virgem Maria. O Mosteiro foi erigido para comemorar a vitória portuguesa na Batalha de Aljubarrota, em 1385, e serviu de igreja funerária da realeza portuguesa do século XV, a dinastia de Aviz.

A construção do Mosteiro iniciou-se em 1387 sob a direção do arquiteto português Afonso Domingues. As obras prolongaram-se por quase dois séculos e o Mosteiro é um monumento arquitetónico marcante na História de Portugal. Devido ao longo período de construção, o Mosteiro incorpora diferentes estilos, ou seja, o gótico tardio, o *manuelino* português e influências renascentistas, Fig. 2.

Main Entrance

The Nave

Founders Chapel

Royal Cloister

Chapter Room

Unfinished Chapels

Fig. 2 Aspectos do Mosteiro de Batalha

O Mosteiro foi construído com pedra calcária proveniente de pedreiras próximas, que se tornou amarelo ocre com o passar do tempo.

O Mosteiro da Batalha (36° 39' 32"\, 8° 49' 33 "W) situa-se na vila da Batalha, distrito de Leiria, centro de Portugal, Fig. 3.

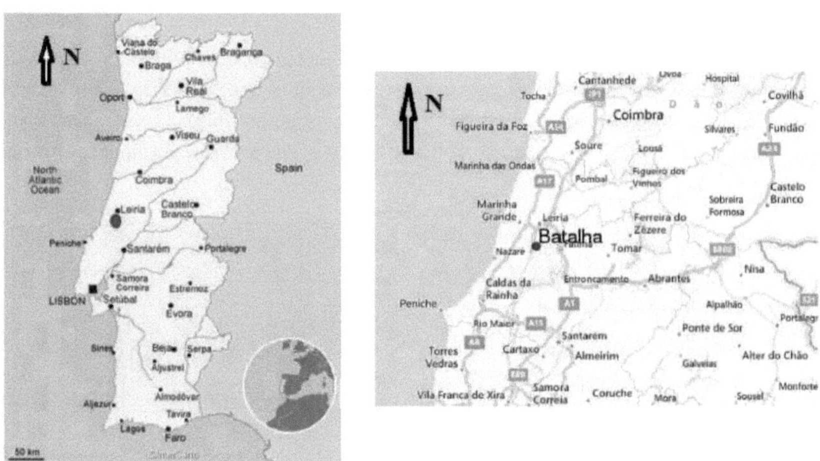

Fig. 3 Localização da Batalha

\Atualmente, o Mosteiro da Batalha inclui a nave central, o Panteão Real de D. João I (Capela dos Fundadores), o Panteão Real de D. Duarte (Capelas Inacabadas) e dois claustros, Fig. 4.

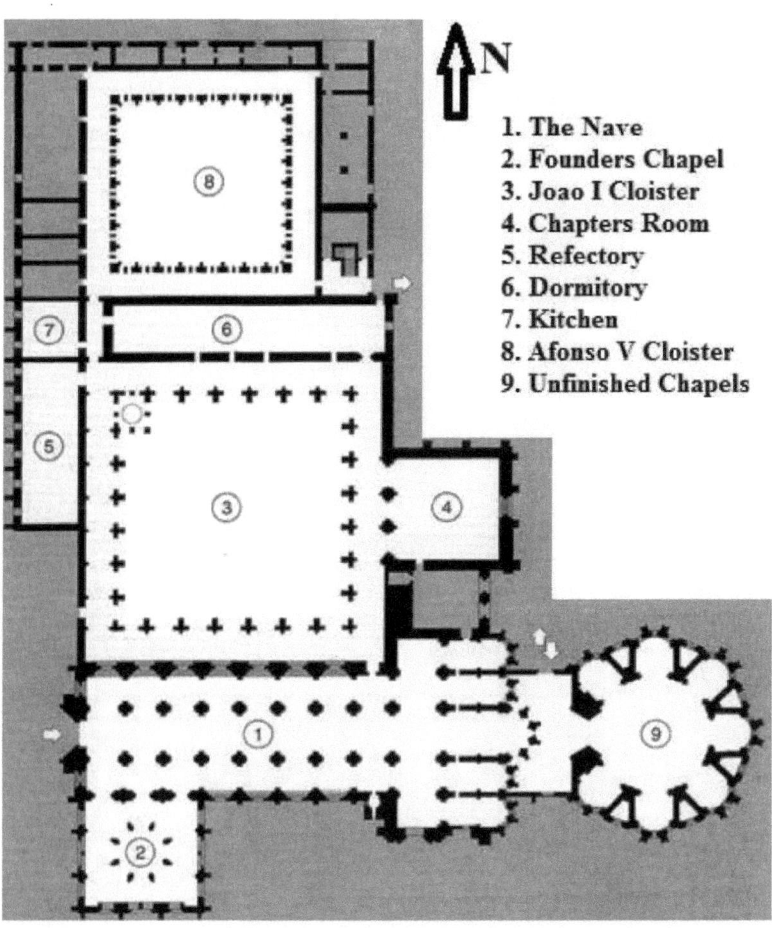

Fig. 4 Mapa do Mosteiro da Batalha (adaptado de IPPAR, 2000)

O rei D. João I cedeu o Mosteiro à Ordem dos Dominicanos e, desde a sua construção, o Mosteiro sofreu várias alterações e foram demolidos dois claustros.

Os danos causados pelo terramoto de 1755 e pelas tropas napoleónicas que saquearam e incendiaram o complexo em 1810 e 1811, bem como a expulsão dos dominicanos, deixaram o complexo em ruínas. No século XIX, iniciou-se um programa de restauro, liderado por Fernando II (1840), que se prolongou até aos primeiros anos do século XX

A importância do complexo é reconhecida, uma vez que o Mosteiro é Monumento Nacional desde 1907, Património Mundial da UNESCO desde 1983 e Panteão Nacional desde 2016.

CAPÍTULO 4

4.   Geologia, Hidrogeologia e Sismologia da Região da Batalha

O Mosteiro localiza-se num vale com declives Norte-Sul e Oeste-Este. O conjunto encontra-se próximo da confluência de várias ribeiras, a Ribeira da Calvaria, a Ribeira da Quinta do Sobrado e o Rio Lena, Fig. 5.

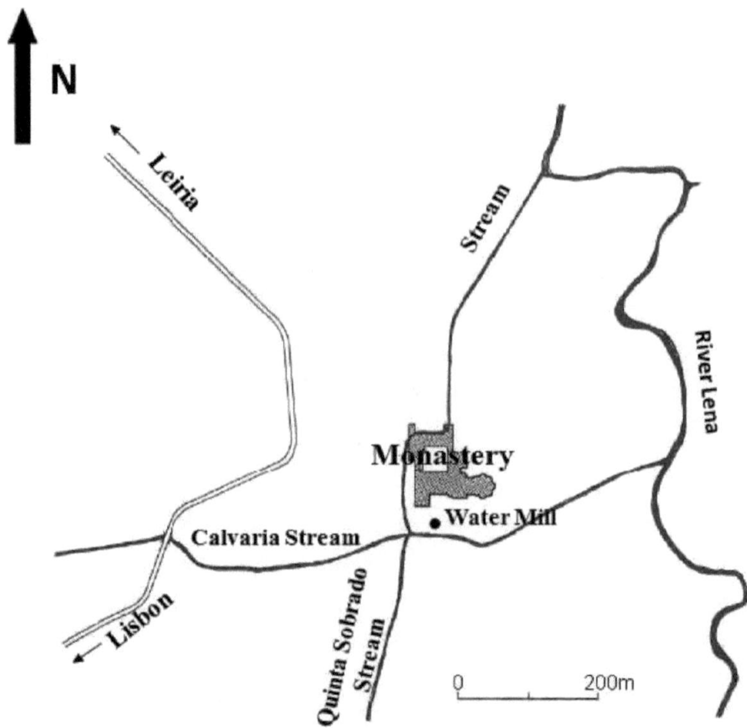

Fig. 5 Hidrografia do Vale (adaptado de Jorge, 1996)

O nível freático, a uma profundidade de cerca de 4m, pode ser medido diretamente num poço no claustro de João I. Este nível de água subterrânea corresponde a um aquífero não-conformado instalado nas formações aluvionares.

A geologia local é dominada pelos chamados calcários e margas da Batalha e de Ourém. O Mosteiro assenta sobre formações aluvionares holocénicas que se sobrepõem a um substrato composto por calcários jurássicos (Manupella et al, 1998).

Foi realizado um perfil de refração sísmica convencional em frente à fachada principal, onde existe espaço vazio suficiente, Fig. 6, para clarificar as condições geológicas locais.

Fig. 6 Localização do perfil de refração sísmica

A geometria deste perfil consistiu em quatro pontos de tiro (fonte do martelo), T1 a T4, e doze geofones, Fig. 7.

Fig. 7 Geometria do perfil de refração sísmica

Os desvios foram de 2,5 metros e os espaçamentos de 5 metros, dando um comprimento total de perfil de 60m.

O modelo sísmico para ondas P é apresentado na Fig. 8.

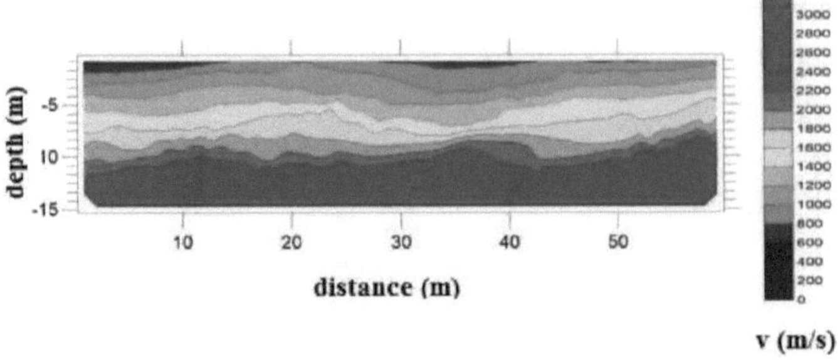

Fig.8Modelo sísmico de onda P

Como se pode ver na Fig. 8, a velocidade da onda P aumenta com a profundidade. As velocidades mais baixas correspondem a formações aluviais e as velocidades mais altas ao calcário local.

O modelo para as ondas S é apresentado na Fig.9.

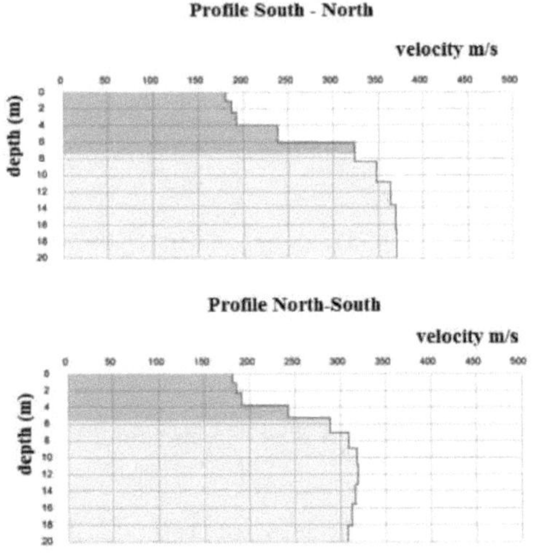

Fig. 9S modelo de onda

Como se vê na Fig. 9, há também um aumento da velocidade da onda S com a profundidade. No entanto, é evidente um aumento mais acentuado da velocidade a uma profundidade interpretada ligeiramente superior a 4 m.

Assim, a formação aluvial, nesta zona, deverá ter uma espessura que varia entre os 4 e os 5 metros.

Desde a sua construção, o Mosteiro sofreu vários terramotos, alguns de grande magnitude.

Há registos de danos, queda de pedras, de um terramoto ocorrido a 26th de setembro de 1716, que durou cerca de um minuto (Gomes, 2005).

O grande terramoto de 1755 provocou graves danos na estrutura do Mosteiro e contribuiu largamente para a sua degradação. Estes danos foram reparados durante o programa de restauro do século XIX.

Mais recentemente, foram registados sismos com epicentro próximo do Mosteiro (Martins e Mendes Victor, 2001). O sismo de 15 de abril de 1976, de magnitude 4,1, com epicentro a NE da Batalha, provocou fracturas nas paredes laterais da Nave, um ligeiro abatimento no pavimento da Nave e a queda de um pináculo junto à fachada principal.

Os sismos mais recentes ocorreram nos dias 1st e 2nd de fevereiro de 2017, com magnitudes 3.7 e 2.6 e epicentro a NW da Batalha. Como resultado, sentem-se pequenas pedras junto à porta principal na fachada Oeste.

Por conseguinte, os sismos de baixa magnitude com epicentros perto do Mosteiro caracterizam a história sísmica da área. Os sismos de grande magnitude têm o seu epicentro a algumas centenas de quilómetros de distância para Sudoeste e a região da Batalha tem uma intensidade máxima histórica de VIII, http://meteo.pt/sismologia/sismologia.html.

5. Levantamento de resistividade 3D

Os edifícios, recentes ou antigos, podem apresentar algum grau de subsidência devido à deterioração das fundações e às condições geológicas locais que podem causar instabilidade e acelerar a degradação. Os métodos geofísicos, em particular os métodos de resistividade, têm sido utilizados para obter imagens do solo sob edifícios ou outras estruturas feitas pelo homem e, por conseguinte, têm contribuído para a investigação e delimitação de áreas perigosas.

No entanto, a utilização de técnicas de resistividade em edifícios, e em zonas urbanas em geral, requer a implantação de matrizes capazes de fornecer imagens úteis em condições muito distantes das normalmente encontradas em levantamentos de campo. Os levantamentos geofísicos urbanos são efectuados em zonas com limitações físicas, restrições de espaço e os materiais utilizados não devem danificar as construções existentes.

Os métodos de resistividade exigem o contacto físico entre os eléctrodos e o solo para fazer passar a corrente eléctrica e medir as diferenças de potencial. Nas investigações do património edificado e dos monumentos, esses eléctrodos não devem causar danos físicos ou químicos às estruturas. A utilização de eléctrodos metálicos em pavimentos, paredes ou outros elementos arquitectónicos é, portanto, proibida. Por outro lado, os eléctrodos não polarizáveis podem provocar a fuga de soluções químicas saturadas para essas estruturas, havendo assim o perigo de efeitos imediatos e a longo prazo nos materiais. Estes danos serão maiores se os materiais de construção forem porosos, como é o caso da pedra calcária utilizada no Mosteiro da Batalha.

Os materiais inertes podem ser uma solução barata, fácil de fabricar e segura para a construção de eléctrodos adequados. Assim, foram testados eléctrodos feitos de cilindros de PVC com o fundo coberto por uma folha de tecido. Os cilindros foram enchidos com argila arenosa saturada de água. Foram inseridas varetas metálicas na argila arenosa para estabelecer o circuito elétrico, Fig. 10.

Fig. 10 Eléctrodos

Esta solução simples permitiu obter eléctrodos com resistências de contacto adequadas para a realização de estudos de resistividade e o único resíduo deixado nas superfícies foi a água que passou através da tela.

Como mencionado anteriormente, a disponibilidade de espaço, as características geométricas da área e os edifícios a investigar são outras limitações. Por conseguinte, as matrizes convencionais, Wenner ou Schlumberger, podem não ser adequadas para efetuar levantamentos de resistividade urbana devido à sua geometria linear e ao espaço necessário para as instalar.

Assim, foram propostos conjuntos de eléctrodos específicos - L, Corner, Square, etc - Chavez *et al*,2011, Tejero *et al*,2015, Chavez *et al*,2015, bem como técnicas de inversão de dados, Loke e Barker, 1996. No caso do Mosteiro da Batalha foi utilizado o chamado polepole odd even array, Almeida **et** *al,* 2001.

5.1 Resistividade 3D: A matriz de pólos pares e ímpares

O conjunto pólo-pólo é um conjunto de quatro eléctrodos em que um elétrodo de corrente - B, Fig. 11 - e um elétrodo de potencial - N, Fig. 11 - são colocados longe dos outros dois eléctrodos, ou seja, o elétrodo de corrente A e o elétrodo de potencial M, Fig. 11.

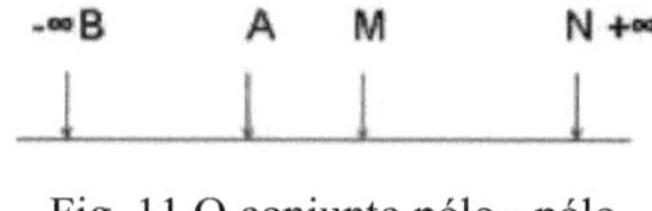

Fig. 11 O conjunto pólo - pólo

Onde ДУ é a diferença de potencial medida entre os eléctrodos M e N e *I* é a intensidade da corrente eléctrica passada entre os eléctrodos A e B.

Em termos práticos, a matriz ideal de pólos não existe, mas é possível uma boa aproximação operacional se os eléctrodos B e N estiverem a distâncias superiores a 20 vezes a maior separação entre os eléctrodos A e M. Nestas circunstâncias, Loke, 1999, os efeitos dos eléctrodos B e N nos valores medidos são inferiores a 5%, pelo que se consegue uma boa aproximação à matriz ideal de pólos.

Se a é a distância entre os eléctrodos A e M, Fig. 11, a resistividade aparente medida, p_a , é calculada a partir de:

$$\rho_a = 2\pi a \frac{\Delta V}{I} \qquad (1)$$

Esta matriz tem uma ampla cobertura horizontal e uma grande profundidade de investigação.
Vários autores, Roy e Aparrao, 1971, Brunel, 1994, Robain et al, 1999, Loke, 1999, discutiram as vantagens e desvantagens da matriz pólo-pólo, ou seja -   o conjunto pólo-pólo oferece uma grande profundidade de investigação, uma ampla cobertura horizontal, mas uma fraca resolução a profundidades inferiores;

- devido às grandes distâncias MN, o sinal é mais elevado do que em qualquer outra matriz mas, por outro lado, o ruído é também proporcional à distância MN e pode contaminar e degradar a qualidade do sinal;

- os dados da matriz pólo - pólo proporcionam efeitos de borda fracos e, portanto, as imagens de resistividade são mais claras do que em outras matrizes e, portanto, mais fáceis de interpretar.

Devido à sua geometria, qualquer outra matriz pode ser derivada da matriz de pólos, Parasnis, 1997. Por conseguinte, os dados da matriz de pólos são facilmente comparados com os dados de outras matrizes e podem ser utilizados com qualquer software de modelização, desde que o nível de ruído nos dados seja baixo, Beard e Tripp, 1995.

Se os eléctrodos B e N estiverem no "infinito", ou seja, os valores de potencial medidos em M não dependem da influência de B e N, os valores medidos são representados de acordo com a Fig. 12, Robain et al, 1999.

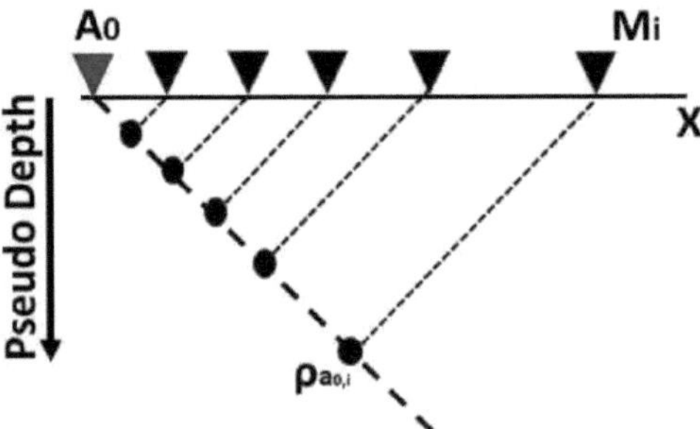

Fig. 12 Ponto de afetação dos valores de resistividade medidos com a matriz pólo-pólo.

Existem limitações práticas à utilização da matriz pólo-pólo. Para tirar partido dos pontos anteriores e minimizar as desvantagens, os eléctrodos B e N devem estar a distâncias 20 vezes superiores a AM, ou seja, a distância *a* não pode ser superior a alguns metros para evitar problemas práticos na localização dos eléctrodos B e N. Assim, este conjunto é particularmente adequado para pequenos levantamentos 2D/3D utilizando espaçamentos de conjunto a até uma dúzia de metros.

Atualmente, os levantamentos de resistividade 2D e 3D são efectuados com recurso a resistivímetros programáveis, multicabos e multielectrodos, pelo que toda a sequência de medições é efectuada de forma automática. Durante as medições, como os eléctrodos são comutados, numa medição, um elétrodo pode atuar como elétrodo de potencial e, logo a seguir, pode atuar como elétrodo de corrente e vice-versa. Por conseguinte, a possibilidade de decaimento dos potenciais junto aos eléctrodos não pode ser descartada durante toda uma sequência de leituras e, se tal ocorrer, é adicionado aos dados um ruído adicional e indesejado. Isto pode ser muito importante quando se utiliza a matriz pólo-pólo, uma vez que o ruído aumenta com o aumento das distâncias MN.
Para evitar este problema, propõe-se aqui a utilização da matriz de pólos pares e ímpares, Almeida et al, 2001 e 2016, de forma a minimizar a influência dos potenciais de decaimento que possam existir e contaminar o sinal durante a comutação dos eléctrodos, Fig. 13.

Fig. 13 O conjunto de pólos pares-ímpares (setas vermelhas/ímpares - eléctrodos de corrente; setas azuis/pares - eléctrodos de potencial)

Na configuração da matriz de pólos pares e ímpares, Fig. 13, as posições dos números ímpares (vermelho) são utilizadas apenas como pontos de eléctrodos de corrente, enquanto as posições dos números pares (azul) são utilizadas apenas como pontos de eléctrodos de potencial. Com esta configuração específica, obtêm-se dados de melhor qualidade, uma vez que não são registados eventuais potenciais em decaimento, pois não há eléctrodos que actuem como eléctrodos de corrente e depois como eléctrodos de potencial e vice-versa.

Para um conjunto de "2n" eléctrodos, cada elétrodo de corrente fornece "n" leituras e, assim, obtém-se um total de "n^2" medições para um levantamento completo.

5.2 Processamento de dados de resistividade 3D

Para garantir a qualidade dos dados, é necessário efetuar algumas verificações dos dados no terreno. Tradicionalmente, a teoria da sobreposição e do tripotencial, Habberjam, 1979, permite efetuar bons controlos da qualidade dos dados. Estas verificações são difíceis, se não mesmo impossíveis, de efetuar no caso do conjunto de postes devido à sua geometria específica.

Assim, propõe-se uma abordagem diferente para testar a qualidade dos dados de campo obtidos com a utilização da matriz pólo-pólo. A partir da teoria do potencial elétrico, o potencial elétrico "V" em torno de um ponto de corrente de intensidade "I" num meio espaço com resistividade "p" decai com a distância "r", de acordo com a equação:

$$V = \frac{\rho I}{2\pi} \qquad (2)$$

Por conseguinte, a resistência medida R (ohm) é dada por

$$R = \frac{V}{I} = \frac{\rho}{2\pi} \times \frac{1}{r} \qquad (3)$$

Como a matriz pólo-pólo mede a diferença de potencial entre os eléctrodos A (elétrodo de corrente) e "M" (elétrodo de potencial), Fig. 11, é possível reconstruir a curva de decaimento com 1/r (3). Além disso, se os dados forem recolhidos em 3D, é possível reconstruir superfícies de decaimento a partir dos dados de campo.

Uma vez representados os dados, é efectuada uma correlação linear simples entre a resistência medida, R=V/I (3), e a distância inversa, 1/r, para cada par de eléctrodos de corrente e potencial, à esquerda da Fig. 14. Em seguida, os pontos que não cumprem a função de decaimento são removidos ou pode ser estabelecido um limiar de qualidade de aceitação.

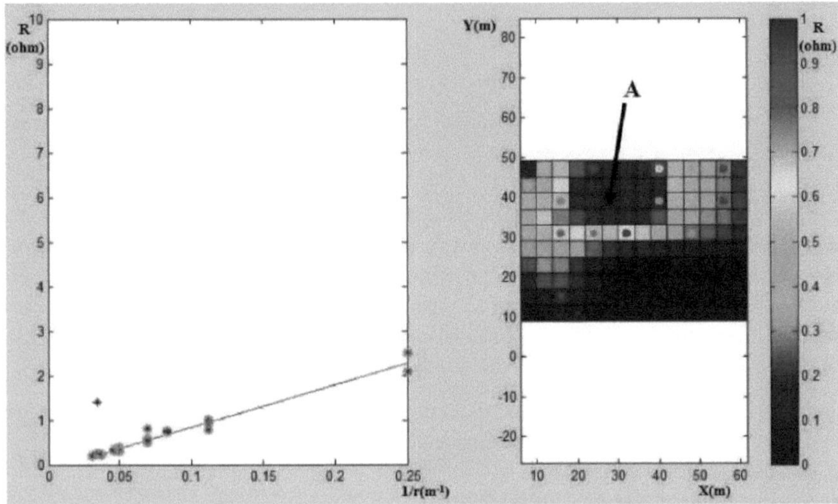

Fig. 14 Regressão entre a resistência de terra medida e a distância para cada par de eléctrodos de corrente e potencial (esquerda); superfície de decaimento para um levantamento 3D em torno de A (direita)

A linha de regressão calculada entre as resistências e a distância inversa entre os eléctrodos de corrente e de potencial também permite uma estimativa da resistividade no ponto de corrente. De facto, a partir de (3), o coeficiente angular da reta dá o valor da resistividade dividido por 2π. Assim, é possível calcular o valor da resistividade no ponto atual.

À direita da Fig. 14, a função de decaimento (3) é mostrada para um espaço em torno do elétrodo de corrente A. Nesta figura, os valores mais elevados (a vermelho) são representados em torno da posição do elétrodo de corrente A, enquanto os valores baixos (a azul escuro) são mostrados longe do elétrodo. A gradação das cores mostra o efeito de decaimento das resistências, como se espera de (3).

Uma vez calculados os valores de resistividade nos pontos de corrente, é possível construir um mapa que representa a resistividade em todos os pontos de corrente, Fig. 15.

Este mapa mostra a distribuição das resistividades nos pontos actuais (pontos coloridos) no Mosteiro da Batalha. Fornece informação qualitativa "a *priori*" sobre a área de prospeção que pode, e será, utilizada posteriormente na interpretação dos modelos de resistividade 3D.

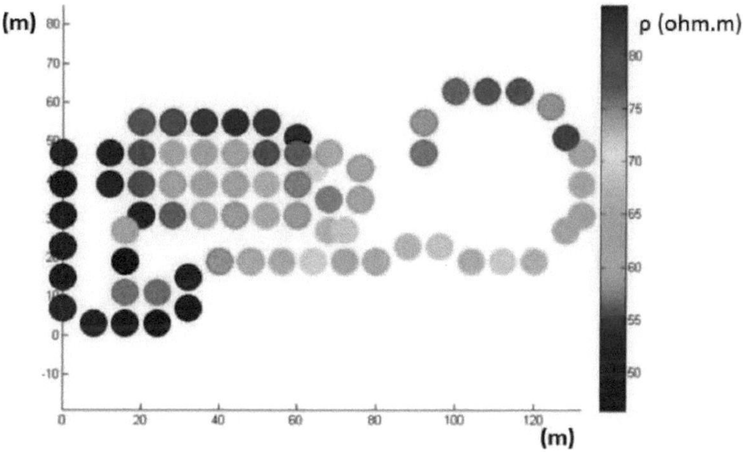

Fig. 15 Mapa da resistividade nos pontos de corrente - A Nave

5.3 Levantamento de resistividade 3D no Mosteiro da Batalha: a Nave

O conjunto de pólos pares e ímpares foi utilizado para investigar o solo sob a Nave do Mosteiro da Batalha. As medições foram feitas com três conjuntos de 47 eléctrodos colocados de acordo com a Fig. 16.

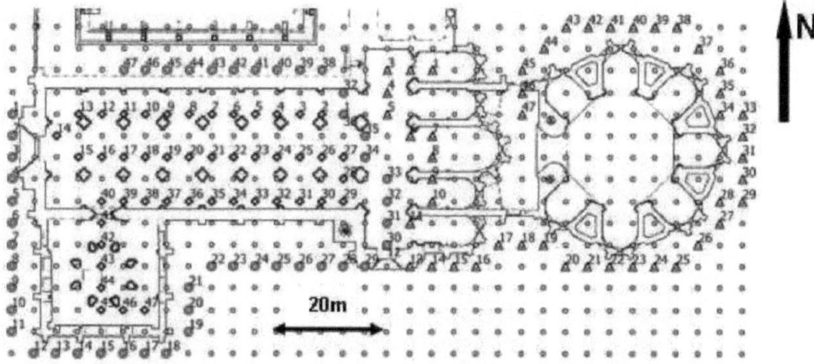

Fig. 16 Pontos de medição do conjunto de pólos no Mosteiro de Batalha

Uma grelha mais densa de eléctrodos, a 4 metros de distância, foi colocada na Nave, o alvo mais importante deste estudo. Para obter uma melhor imagem global do espaço a investigar, foram também colocados eléctrodos de cobertura à volta da Nave, Figs. 17 e 18.

Fig. 17 Eléctrodos no exterior do Mosteiro

Fig. 18 Eléctrodos no Claustro de João I (esquerda) e na Nave (direita)

Os dados de resistividade modelados em 3D são apresentados na Fig. 19. Esta figura mostra quatro cortes de profundidade modelados obtidos com o DC2DInvRes.

Assim, a Fig. 19 apresenta, de cima para baixo, modelos para profundidades de 0 a 9,99m, fatias.

A fatia inferior, nas profundidades 6.95-9.99m, mostra pouca variação na distribuição da resistividade. De acordo com a informação recolhida na sondagem sísmica de refração realizada na frente do Mosteiro, estas profundidades de investigação devem corresponder ao calcário jurássico local e espera-se pouca ou nenhuma influência de elementos antrópicos.

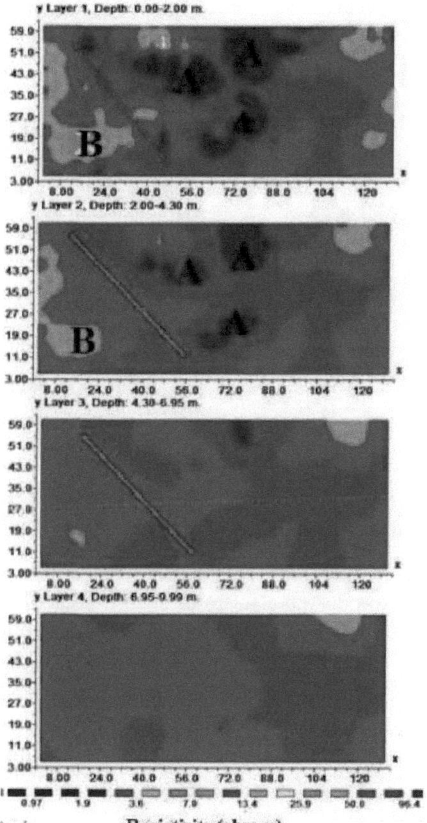

Fig. 19 Modelo de resistividade 3D na Nave

Nas secções superiores, há um contraste marcado pela linha azul, mais fraco no modelo mais superficial (fatia superior), que atravessa os modelos na diagonal.

Nas profundidades mais superficiais, duas secções de topo com profundidades que variam entre 0-2m (topo) e 2-4,3m (segundo a contar do topo), obtêm-se variações das resistividades modeladas. As zonas A correspondem a regiões resistivas que ocorrem junto ao transepto da Nave. Nesta região, a pressão da estrutura sobre os pilares é maior. Assim, é de esperar que a pressão sobre o solo seja também grande e que a compactação do solo aumente, diminuindo a porosidade. Por outro lado, espera-se também que as fundações sejam mais fortes nesta região.

A zona B é uma zona mais condutora e corresponde à localização da Capela dos Fundadores. Este edifício, posterior ao Mosteiro, é um edifício mais ligeiro e, segundo a História, foi construído sobre um aterro. Nestas condições, é expetável que os valores do modelo de resistividade sejam mais baixos.

21

O mapa da Fig. 15 mostra a resistividade nos pontos actuais. Fornece uma zonação quantitativa da área e, agora, as subáreas resistivas (A) e condutoras (B) são representadas na Fig. 20.

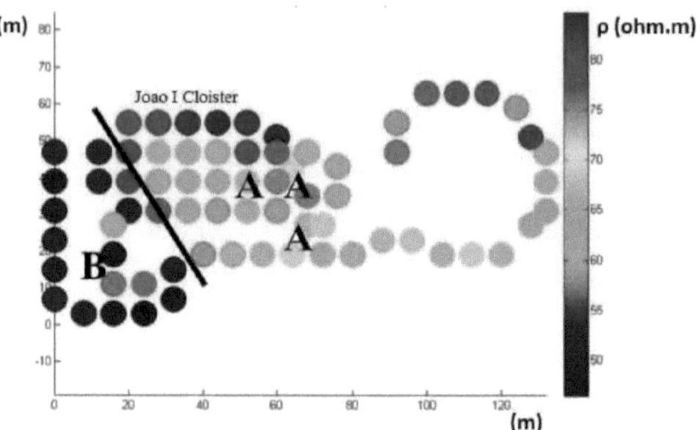

Fig. 20 Mapa da resistividade nos pontos de corrente em "A Nave": Zonas de anomalias

No entanto, existem pontos de elevada resistividade (pontos castanhos e vermelhos) que correspondem aos eléctrodos colocados no claustro de João I. O lado direito do mapa, as Capelas Inacabadas, mostra uma área mais condutora na parte superior (pontos azuis) em oposição a uma área mais resistiva na parte inferior (amarelo/verde). No entanto, o mapa apresenta dados relativos a eléctrodos colocados fora dos edifícios, sem grelha no interior das capelas, de modo a proporcionar uma modelação 3D mais fiável. Embora se possa extrair uma interpretação geral semelhante dos dois modelos superiores da Fig. 19, a inexistência de uma grelha de eléctrodos no interior das capelas não permite uma melhor interpretação dos dados nesta região.

Finalmente, a Fig. 21 mostra a projeção das zonas resistivas na Planta do Mosteiro. Como se pode ver, as regiões anómalas correspondem à zona junto ao transepto e à parte superior da Nave.

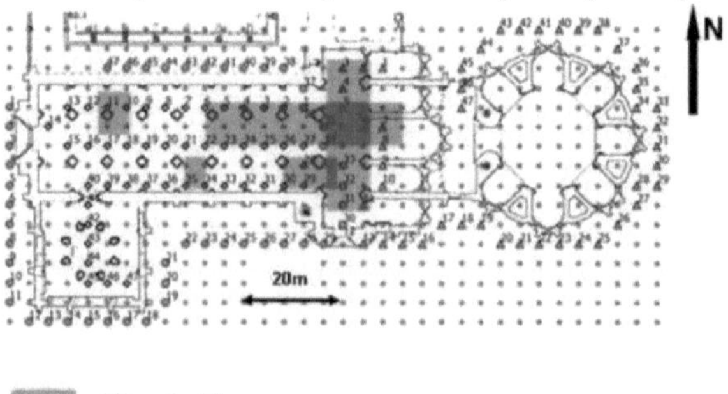

Resistive areas

Fig. 213D Áreas resistivas modeladas na Nave

Portanto. O mapeamento da resistividade 3D na Nave revelou que as zonas mais resistivas correspondem às regiões mais próximas do transepto, onde a pressão sobre o solo e as fundações devem ser mais fortes. A localização do Capítulo do Fundador corresponde a uma região de menor resistividade, confirmando a sua estrutura mais leve e o facto de ter sido construído sobre um solo menos compacto.

5.4 Resistividade 3D na Sala do Capítulo

A Sala do Capítulo, a norte da Nave na Fig. 4, é um espaço simbólico do complexo do Mosteiro da Batalha. A Sala do Capítulo tem uma forma quadrangular com 19 metros de lado. O teto é decorado por uma abóbada estrelada, sem qualquer pilar ou coluna que a sustente. Na altura, a construção desta estrutura foi uma tarefa formidável. Atualmente, parte da Sala é ocupada pelo túmulo de dois soldados desconhecidos e, este espaço, é um monumento nacional onde não podem ser feitas medições geofísicas.

Assim, a área a investigar é limitada a dois terços da área total, Fig. 22.

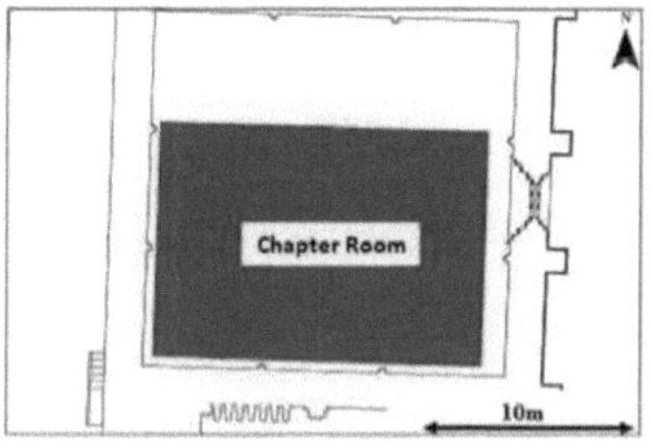

Fig. 22 A Sala do Capítulo: a área investigada (à esquerda); uma vista da Sala e do conjunto de eléctrodos polares (à direita)

Não existe informação sobre estruturas na Sala do Capítulo e, por isso, foi efectuado um estudo de resistividade 3D utilizando o conjunto de pólos pares e ímpares implantado sobre uma grelha regular, de lado 2m.

Os dados foram modelados utilizando o DC2DInvRes e os modelos estão representados na Fig. 23.

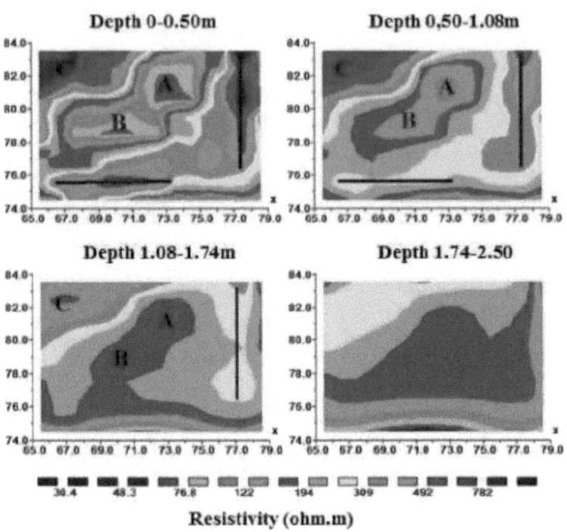

Fig. 23 Modelos de resistividade 3D para a Chapter House

Os modelos mostram duas anomalias condutoras de forma retangular, A e B, nos modelos mais superficiais e superiores da Fig. 22. A forma geométrica clara destas anomalias condutoras levanta questões sobre a sua origem. Uma vez que se trata de anomalias condutoras, é possível que correspondam a locais de onde foi retirado material e posteriormente preenchido com terra.

Os modelos mostram igualmente dois alinhamentos resistivos de origem desconhecida. Como estas anomalias são resistivas, poderão corresponder a muros ou infra-estruturas locais.

No canto superior esquerdo dos modelos, uma anomalia resistiva maior, C, corresponde à localização de um túmulo conhecido, a única caraterística antrópica registada na área até agora.

A maior profundidade modelada, em baixo à direita, não mostra qualquer evidência particular de anomalias, os contornos são suaves e, portanto, as contribuições antrópicas para estas imagens devem ser limitadas, se é que existem.

5.5 Resistividade 3D na Capela do Souza

A Capela do Souza está localizada na parte superior direita do Mosteiro. A Capela possui uma porta lateral que permite a entrada na Nave pelo lado sul do Mosteiro.

Segundo a tradição, e de acordo com uma inscrição muito danificada na parede junto ao lado esquerdo da porta de entrada, a rainha Filipa de Lencastre, casada com João I, foi aqui sepultada antes da transladação definitiva dos seus restos mortais para o Capítulo dos Fundadores. Entretanto, perdeu-se a informação sobre o paradeiro do seu túmulo inicial. Por isso, o estudo de resistividade 3D foi concebido, Fig. 24, para investigar eventuais estruturas antrópicas sob o solo.

Este estudo também utilizou a matriz pólo-pólo, Fig. 24, com uma distância entre os eléctrodos A,Moflm e os dados foram modelados utilizando DC2DInvRes.

Fig. 24 Disposição 3D dos postes no interior da Capela do Souza

Os dados modelados estão representados na Fig. 25. Como se vê, os modelos para as profundidades mais rasas, 00,50 m e 0,5 a 1 m, mostram claramente anomalias resistivas rectangulares.

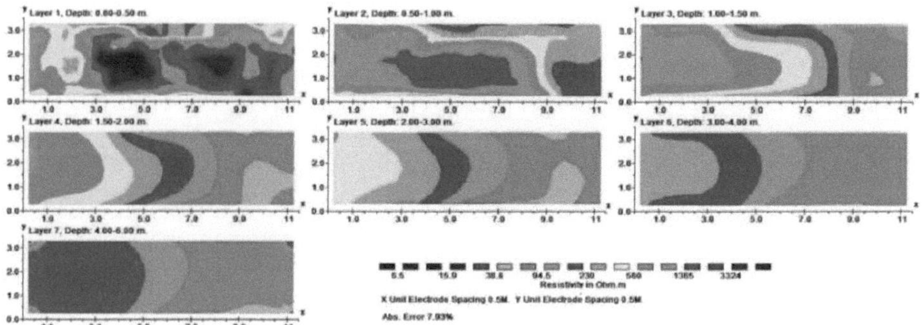

Fig. 25 Modelagem de resistividade 3D na Capela do Souza

Na profundidade mais rasa, modelo superior esquerdo, a anomalia resistiva aparentemente divide-se em duas, mas o modelo seguinte à direita mostra uma anomalia resistiva retangular distinta. A profundidades maiores, mais à direita nos modelos superior e inferior, esta anomalia desaparece e não são encontrados indícios de anomalias geométricas.

Assim, aquela anomalia retangular pouco profunda, Fig. 26, poderia ser originada pela acumulação de pedras de um vazio. Além disso, a orientação dos lados é paralela à dos muros da capela. As suas dimensões, cerca de 1,5x5 metros (à profundidade do modelo 0,5-1,00m), são prometedoras e merecem uma investigação futura para esclarecer a sua origem.

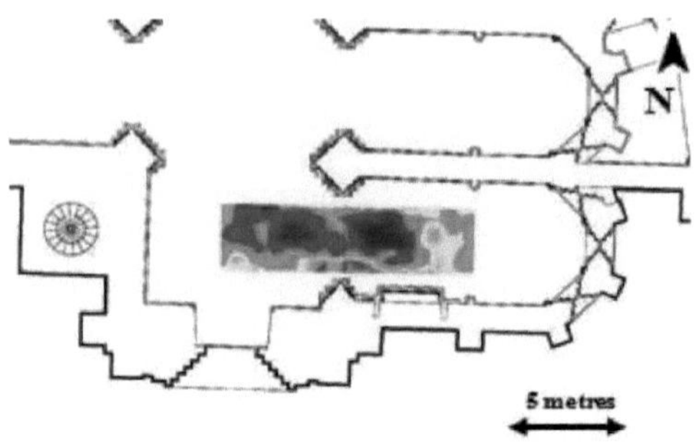

Fig. 26 Localização da anomalia resistiva na Capela do Souza

CAPÍTULO 6

6. Levantamento por radar de sondagem do solo de alta resolução

As técnicas de Radar de Penetração no Solo ou Radar de Sondagem - GPR - são há muito utilizadas na avaliação de edifícios e na resolução de problemas de Engenharia Civil com sucesso, Benedetto e Pajewski, 2015. Em geral, a utilização do GPR na avaliação de edifícios inclui investigações de fundações, modificações e elementos construtivos, materiais e fases, patologias, localização de infra-estruturas, etc, Barraca et al,2016, Hermozilha et al, 2009.

Em termos gerais, os métodos GPR baseiam-se no registo das reflexões e difracções no solo de impulsos curtos de energia electromagnética e, neste sentido, o método é semelhante à técnica de reflexão sísmica.

Assim, um impulso de energia electromagnética é transmitido para o solo e propaga-se através dos materiais terrestres. O impulso é afetado pelas propriedades do solo, Sigurdsson, 1993, e pode ser parcialmente refletido nas interfaces entre materiais de propriedades diferentes, enquanto a energia restante do impulso é transmitida mais profundamente no solo. A propriedade física envolvida é a permissividade relativa (constante dieléctrica) que varia principalmente com o teor de água e o tipo de teor de água nas formações.

Assim, os sistemas GPR requerem uma unidade para transmitir energia para o solo - o transmissor - e uma unidade para receber os sinais reflectidos e difractados - o recetor. Atualmente, estas duas unidades estão normalmente alojadas num único equipamento, Fig. 27.

O tempo de viagem entre o pulso transmitido e o pulso recebido depende da velocidade de propagação ao longo do caminho de transmissão. Assim, para calcular a profundidade de um refletor é necessário estimar a velocidade de propagação das ondas GPR através do solo. Isto é normalmente feito se os dados fornecerem padrões de difração de hipérboles a serem utilizados para o cálculo da velocidade.

Fig. 27 Levantamento GPR no Mosteiro da Batalha

Nos problemas de restauro e reabilitação, as frequências dos impulsos de energia podem variar entre 100 MHz e cerca de 2 GHz. As frequências mais baixas são utilizadas para a investigação de fundações e contextos geológicos, enquanto as frequências mais elevadas se aplicam à caraterização de materiais de construção, fases de construção e investigação de patologias.

As técnicas de GPR também têm sido aplicadas com sucesso em investigações arqueológicas, Conyers, 2004, e, por conseguinte, os dados GPR também serão utilizados para investigar a presença de estruturas antrópicas sob a superfície do Mosteiro da Batalha.

6.1 Conceção do inquérito e tratamento dos dados

No caso do Mosteiro da Batalha, os levantamentos GPR incluíram a aquisição de dados em 2D e 3D. A Nave, a Sala do Capítulo e a Capela do Souza foram levantadas em modo 3D e os dados foram adquiridos num esquema de meandros, de modo a poupar tempo e facilitar as operações de campo.

A aquisição de dados e o planeamento são muito importantes para a obtenção de dados de boa qualidade e para a exploração completa das capacidades do método e do equipamento. Assim, antes de se iniciar um levantamento de campo completo, devem ser realizados alguns testes prévios para investigar diferentes factores, tais como, profundidade e geometria de potenciais alvos, propriedades e contrastes eléctricos, ruído e fontes de ruído.

Após estas investigações prévias, devem ser estabelecidos os parâmetros do levantamento de campo, ou seja, a frequência, a janela temporal, o intervalo de amostragem, o empilhamento, a velocidade de aquisição, Annan,2001.

A frequência deve ser decidida de acordo com os objectivos do inquérito. Assim, uma frequência mais elevada permite uma melhor resolução e uma menor profundidade de penetração; uma frequência mais baixa permite uma menor resolução e uma maior profundidade de penetração.

A janela de tempo deve ser escolhida quando as estimativas das velocidades de deslocação locais e das profundidades de investigação estiverem disponíveis a partir de ensaios anteriores.

O intervalo de amostragem depende da frequência e deve considerar a frequência de Nyquist, Clearbout, 1985.

Existe um compromisso importante entre o empilhamento e a velocidade de aquisição para obter dados de boa qualidade. Em termos gerais, quanto mais baixa for a velocidade de aquisição, melhor será a qualidade dos dados, mas uma aquisição de dados muito lenta atrasará significativamente as operações de campo. Assim, uma vez definidos os parâmetros de empilhamento, é desejável operar com uma velocidade óptima, ou seja, uma velocidade de aquisição que, em conjunto com os parâmetros de empilhamento, possa fornecer dados de muito boa qualidade.

O processamento dos dados inclui várias fases: ajuste do zero temporal, dewow, correção topográfica (se necessário), ganho, filtragem (1D e 2D), remoção do fundo, conversão da profundidade temporal e visualização.

Nas aplicações do GPR à avaliação de edifícios e monumentos, há alguns aspectos particulares e importantes a ter em conta no processamento dos dados.

As condições do solo podem mudar muito lateralmente e as estimativas de velocidade baseadas na difração de energia podem diferir. Assim, podem ser calculadas diferentes estimativas de velocidade numa área limitada. Um procedimento consiste em considerar um valor médio global e prosseguir com o processamento de dados. No entanto, os valores de velocidade estimados para os alvos e profundidades mais relevantes também podem ser escolhidos e, neste caso, utilizados para o processamento de dados.

As alterações laterais podem também constituir uma dificuldade adicional na remoção dos efeitos de fundo. Um procedimento comum para a remoção de efeitos de fundo consiste em utilizar a média global de uma secção e removê-la dos dados. No entanto, as alterações laterais e os eventos podem ser muito enérgicos e, nestes casos, pode ser mais aconselhável utilizar uma média móvel calculada para uma janela de traços (espaço) e tempo e, finalmente, removê-la dos dados. No entanto, neste caso, a integridade das reflexões horizontais deve ser sempre mantida.

Por fim, embora os equipamentos GPR modernos sejam blindados, é possível obter reflexões a partir de tectos, paredes laterais, etc. As reflexões de tectos dão origem a hipérboles correspondentes à velocidade da luz (0,3 m/ns). Estes fenómenos devem ser identificados para não perturbarem os dados nem induzirem em erro a interpretação. As paredes laterais e os artefactos devem ser identificados e interpretados como tal.

As ondas de ar provenientes de reflexões nos tectos são normalmente consideradas como ruído. No entanto, uma vez identificadas estas reflexões, a sua interpretação pode ser utilizada para confirmar a geometria dos edifícios, uma vez que podem ser obtidas estimativas das alturas e para confirmar a qualidade dos dados.

A visualização de dados deve considerar eventos de forte energia, bem como eventos de baixa energia. Assim, um procedimento de normalização direta do traço pode reduzir significativamente a amplitude de eventos de baixa energia que, nestes casos, aparecerão como zonas de atenuação e, assim, esconderão informação de interesse. Assim, antes de implementar técnicas de normalização de traços, estes aspectos devem ser considerados e devem ser adoptados procedimentos adequados de normalização ou visualização.

6.2 A Nave

A Nave do Mosteiro da Batalha, Fig. 4, é um espaço amplo, normalmente ocupado para os serviços religiosos. Assim, o levantamento deste espaço requer a remoção de cadeiras, bancos e outros equipamentos, Fig.28. Outras limitações de espaço ocorrem devido às colunas do mosteiro.

Fig. 28 A Nave

A área disponível foi coberta num modo 3D, os cortes temporais para profundidades interpretadas de 0,5, 1, 1,5 e 2 metros são apresentados da Fig. 29 à Fig. 32. A profundidade temporal utilizou um valor de velocidade de 0,085 m/ns. Nestas figuras, os eventos de alta energia são representados pelas cores mais escuras/pretas, enquanto as zonas de baixa energia e atenuação são representadas com cores claras. A legenda de cada figura fornece a interpretação sugerida.

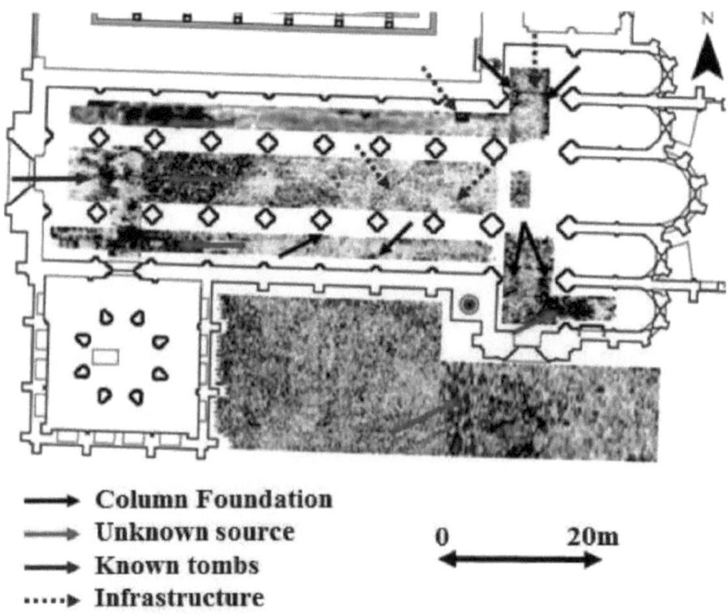

Fig. 29 A Nave: Fatia de tempo para uma profundidade de 0,5 m

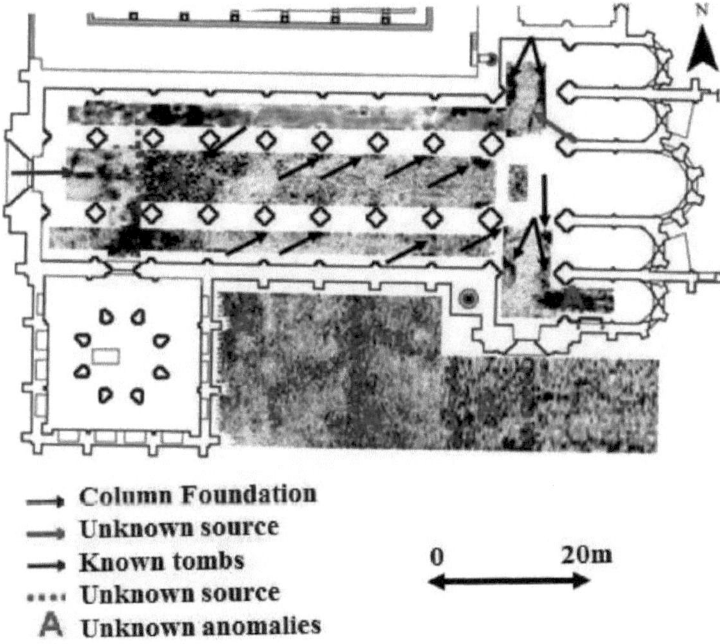

Fig. 30 A Nave: Fatia de tempo para uma profundidade de Im

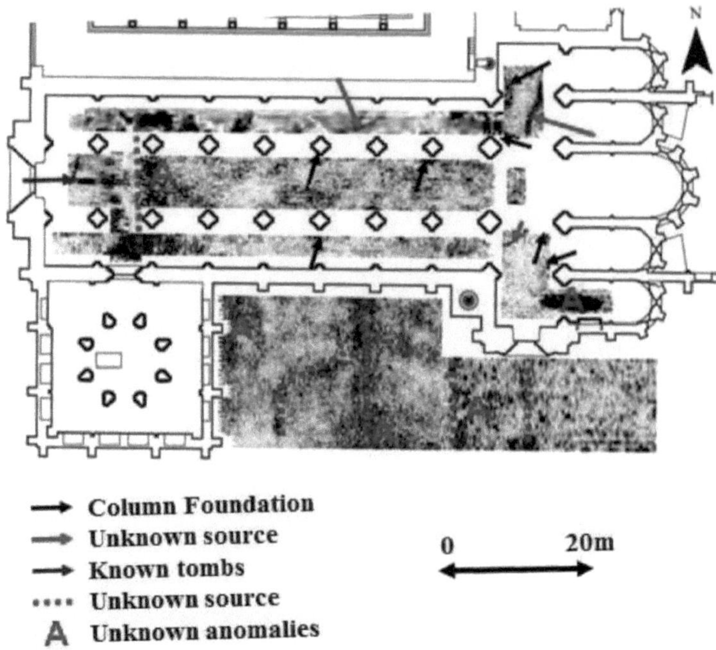

Fig. 31   A Nave: Fatia de tempo para uma profundidade de 1,5 m

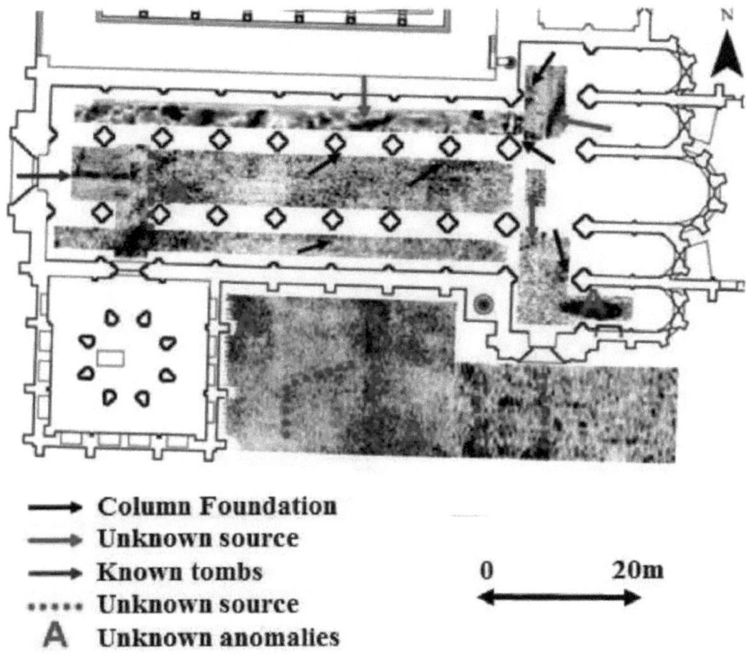

Fig. 32   A Nave: Fatia de tempo para uma profundidade de 2m

As anomalias correspondem a alicerces de colunas, infra-estruturas e túmulos. Em particular, as marcas dos alicerces das colunas são muito importantes, pois demonstram a natureza e a importância destas estruturas.

Outras anomalias permanecem de origem desconhecida.

Como esse espaço é vasto, será feita uma análise mais detalhada de algumas áreas restritas. Em especial, a Capela do Souza, no alto à direita, e a área correspondente ao alto à esquerda e ao realce da Nave.

GPR 3D na Capela do Souza

A Capela Souza está localizada no canto superior direito da Nave e possui uma porta que permite a entrada na Nave pela fachada Sul. Historicamente, a Rainha D. Filipa de Lencastre, esposa de D. João I, foi aqui sepultada antes de ser trasladada para o seu lugar de descanso final no Capítulo dos Fundadores.

Em todos os cortes de tempo do levantamento 3D GPR da Nave, um forte evento é revelado na Capela Souza. Portanto, para esclarecer este evento, foi realizado um levantamento GPR detalhado da Capela, Figs. 33 a 36.

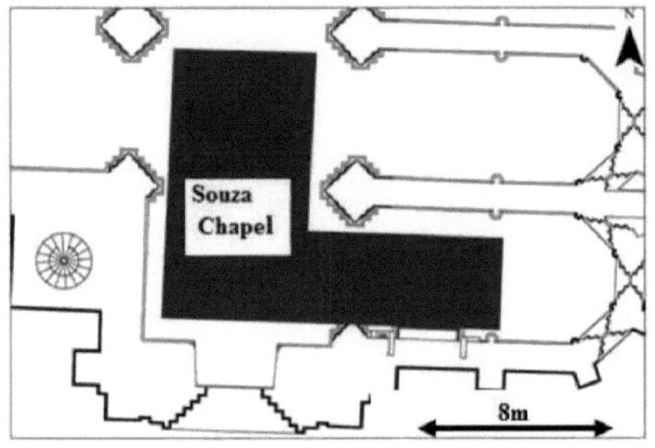

Fig.33 Levantamento GPR 3D na Capela do Souza

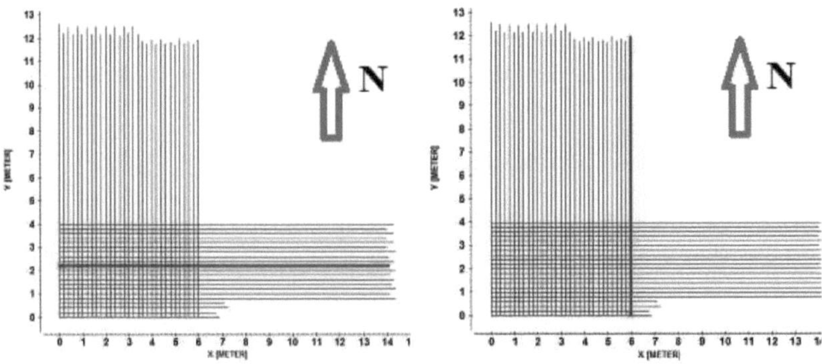

Fig. 34 Linhas do levantamento GPR na Capela do Souza: Leste-Oeste (esquerda); Norte-Sul (direita)

As linhas de aquisição estão representadas na Fig. 34 e os radargramas 2D (linhas vermelhas), um com orientação Este-Oeste e outro com orientação Norte-Sul, estão representados nas Figs. 35 e 36, respetivamente.

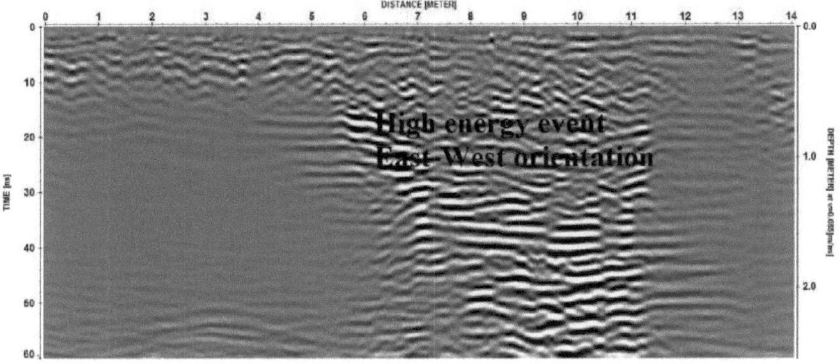

Fig.35 Radargrama Leste-Oeste da Capela Souza

O radargrama Este-Oeste, Fig.35, mostra um evento superficial de alta energia da posição 6 até à posição 11, com 5 metros de largura

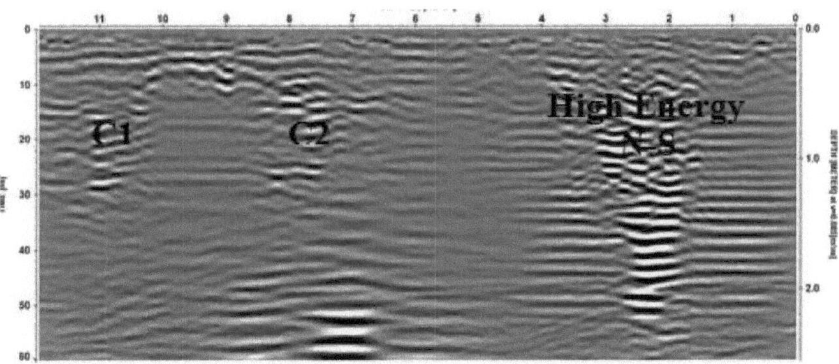

Fig. 36 Radargrama Norte-Sul Capela do Souza

O radargrama Norte-Sul, Fig. 36, revela três eventos. Dois, C1 e C2, localizam-se perto dos pilares e correspondem às fundações dos pilares. O terceiro, à direita do radargrama, vai da posição X 3 à posição X 1, com cerca de 2m de largura e é perpendicular ao evento representado na Fig.37.

Os dados 3D do GPR são mostrados na Fig. 37. A conversão tempo-profundidade foi efectuada utilizando uma velocidade de 0,085 m/ns e os cortes temporais fornecem imagens muito boas das anomalias representadas nas Figs. 35 e 36. As setas cor de laranja mostram anomalias semi-circulares correspondentes a fundações de pilares que se estendem até à maior profundidade modelada.

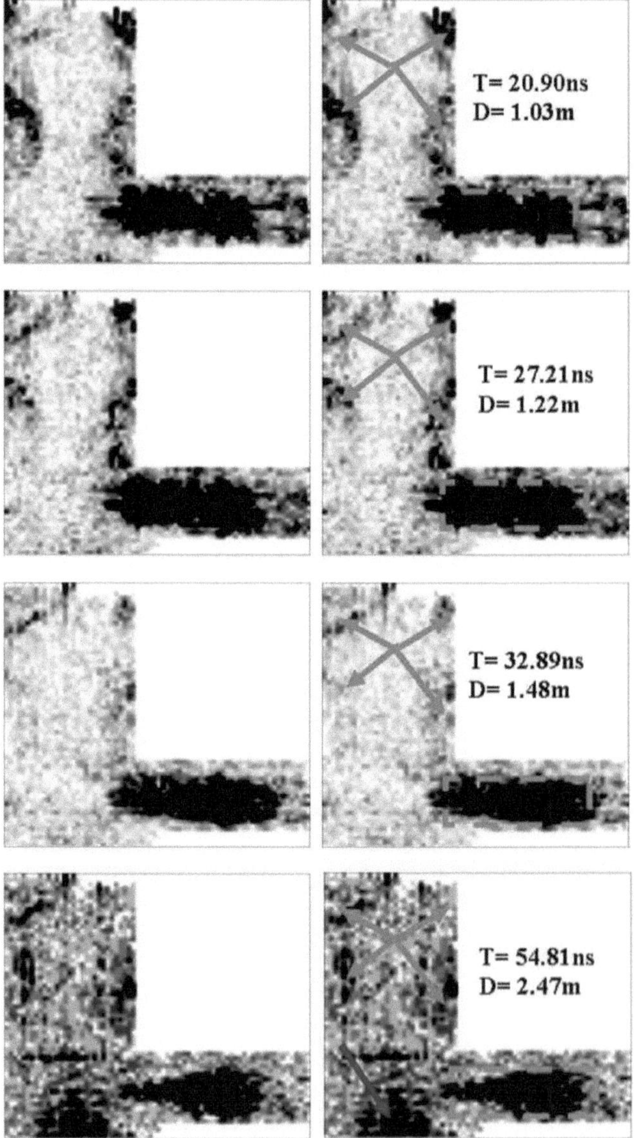

Fig. 37 Dados GPR 3D Capela do Souza

Existe uma anomalia energética retangular que corresponde ao evento de alta energia nas Figs. 35 e 36. Esta anomalia é mais nítida até uma profundidade de 1,22 m, com um tempo de deslocação de 27,21 ns. Para cortes mais profundos, a anomalia perde as suas características geométricas.

A seta vermelha representa o reflexo da porta lateral e o seu refletor metálico.

A fatia de tempo para T=19,18ns, profundidade modelada de 0,86m, é mostrada na Fig. 38 de acordo com sua posição na Capela do Souza. Como mostrado, há uma correlação muito boa entre as anomalias interpretadas como fundações de pilares e a posição dos pilares.

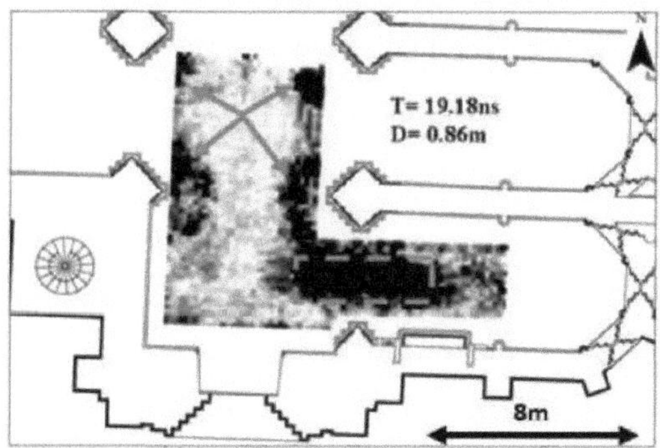

Fig.38 Projeção do levantamento GPR

A anomalia retangular está muito bem definida e os seus lados são paralelos aos muros do Mosteiro, o que aumenta a necessidade de trabalhos arqueológicos complementares.

Em cima à esquerda da Nave

O topo esquerdo da Nave também forneceu algumas anomalias que serão agora detalhadas, Fig. 39. Os dados foram adquiridos com o habitual esquema de meandros e a conversão tempo-profundidade foi efectuada utilizando um valor de velocidade de 0,085m/ns. Os cortes temporais estão representados na Fig. 40.

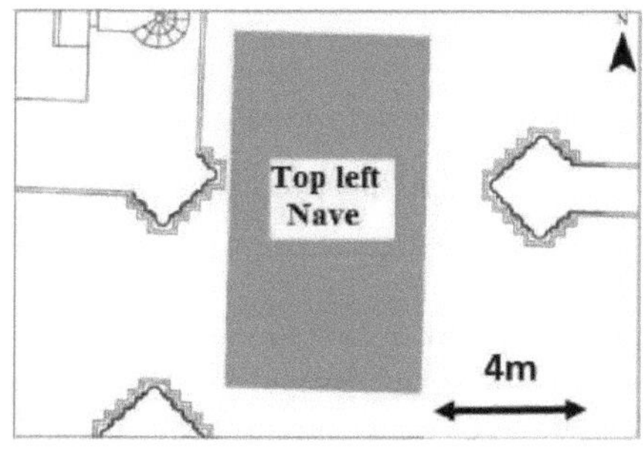

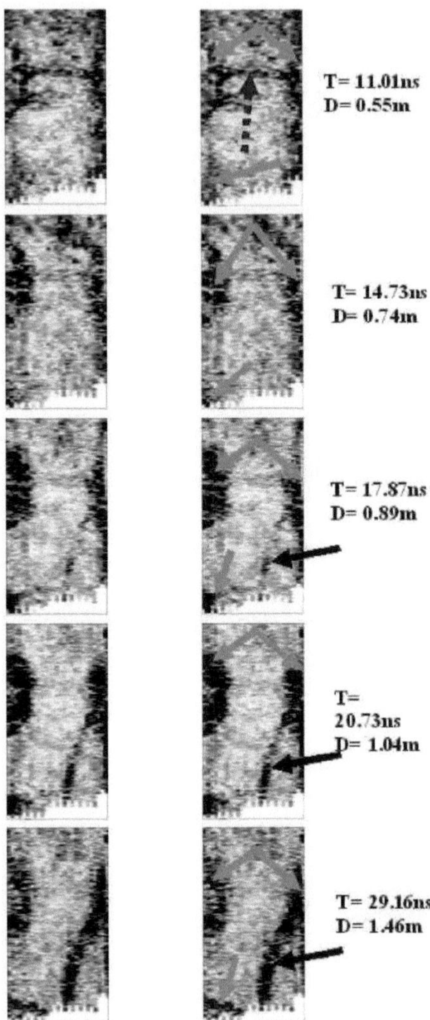

Fig. 40   Fatias de tempo para a parte superior esquerda da nave (esquerda: fatias de tempo sem interpretação);

T- tempo bidirecional; D- profundidade

Os cortes temporais mostram claramente a fundação dos pilares (setas cor de laranja) e dois alinhamentos de alta energia, um a azul tracejado e outro a preto. O azul tracejado corresponde a um evento muito superficial originado por uma infraestrutura recente e conhecida. Este alinhamento

38

desaparece para modelos de maior tempo/mais profundos.

No entanto, a preta é mais profunda, não havendo assinatura a profundidades inferiores, e deve ter origem numa infraestrutura da época da construção do Mosteiro.

O intervalo de tempo para T=29.16ns está representado na Fig. 41 de acordo com a sua posição na Nave. Como se pode ver, as anomalias das fundações dos pilares estão localizadas na posição dos pilares, mas a anomalia mais profunda não tem qualquer correlação com a disposição atual da Nave.

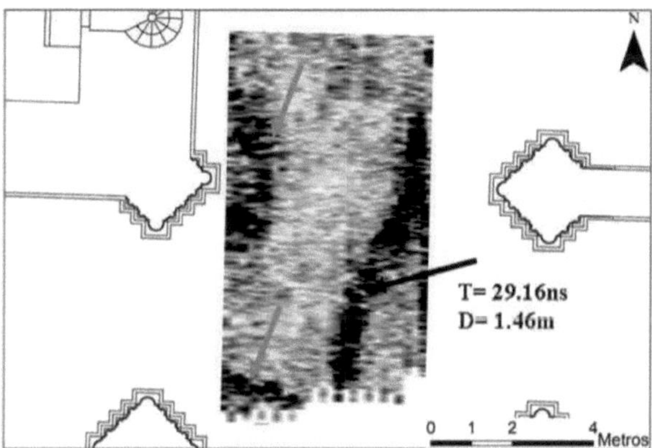

Fig.41 Projeção do levantamento GPR

A entrada da Nave Oeste

O centro da entrada da Nave Oeste é ocupado por um túmulo de um dos arquitectos que iniciaram a construção do Mosteiro. A tradição diz que junto ao seu túmulo se encontram outros pertencentes a mestres templários. Embora estes túmulos sejam mencionados, Murphy 1795, o seu paradeiro e mesmo a sua existência perderam-se com o tempo. Assim, foi efectuado um levantamento GPR nesta área para investigar a existência de estruturas antrópicas enterradas, Fig. 42.

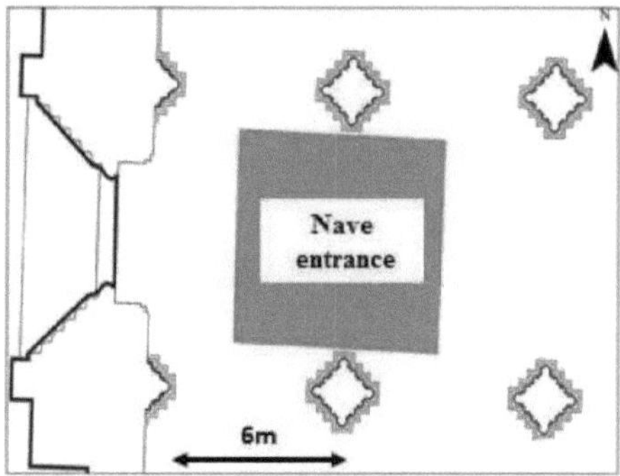

Fig. 42 Levantamento GPR na entrada Oeste da Nave

Os cortes temporais estão representados na Fig. 43.

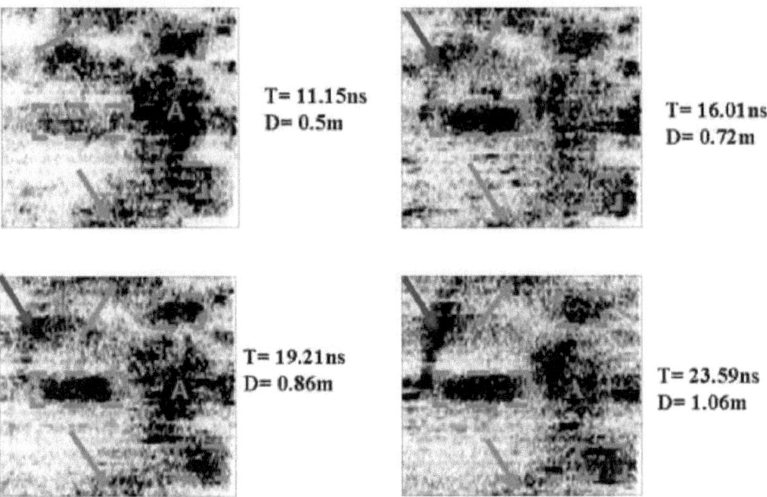

Fig. 43 Cortes temporais da entrada Oeste da Nave

A área retangular tracejada de alta energia na parte central dos cortes temporais, e presente em todos eles, é a localização do túmulo conhecido. No entanto, existem mais elementos presentes. As setas cor de laranja representam a resposta do GPR às fundações das colunas. A seta vermelha indica um evento de alta energia relacionado com uma infraestrutura local conhecida.

Mas, as fatias de tempo também mostram mais anomalias rectangulares e um evento A de alta energia. É possível que as anomalias rectangulares mais pequenas estejam relacionadas com túmulos, mas o evento A não parece ter uma forma geométrica definida.

A fatia de tempo para T=23,59ns é mostrada na Fig. 44.

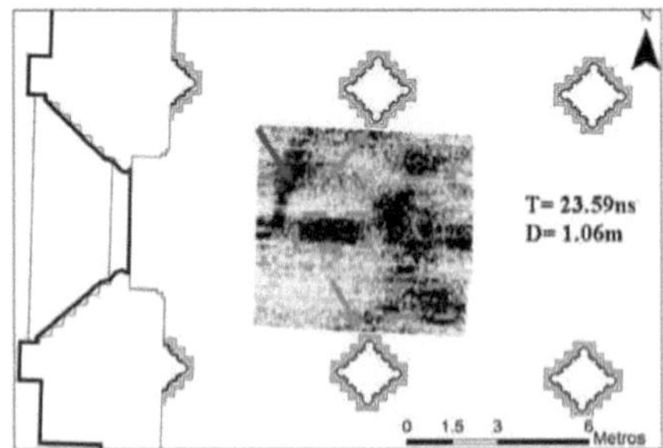

Fig. 44 Projeção de dados GPR na entrada Oeste

Da Fig. 44 não restam dúvidas de que as anomalias são de origem antrópica, possivelmente sepulturas, uma vez que se encontram paralelas entre si e no eixo principal da Nave. No entanto, como já foi referido, hoje em dia não existem registos destas estruturas enterradas.

6.3 A sala do capítulo

A Sala do Capítulo, Fig. 4, foi também objeto de um levantamento GPR 3D. Uma vez que parte da Sala dos Capítulos é um monumento funerário nacional, apenas uma parte da sala estava disponível para a recolha de dados, Fig. 45 (esquerda).

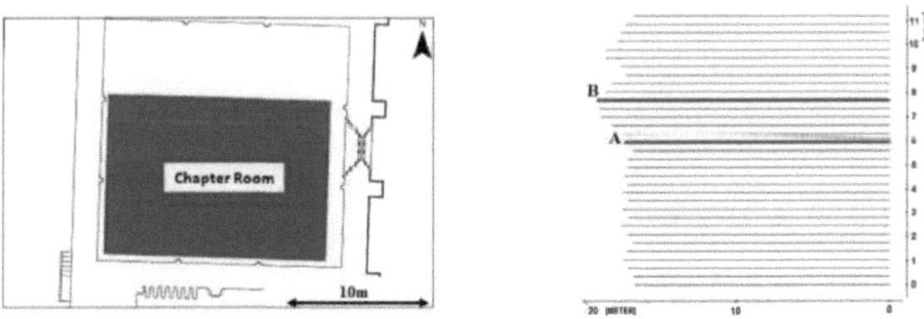

Fig. 45 Levantamento GPR na Sala do Capítulo: Área coberta (esquerda); perfis (direita)

Foram seleccionados dois perfis, A e B na Fig. 45 (direita), que são apresentados na Fig. 46.

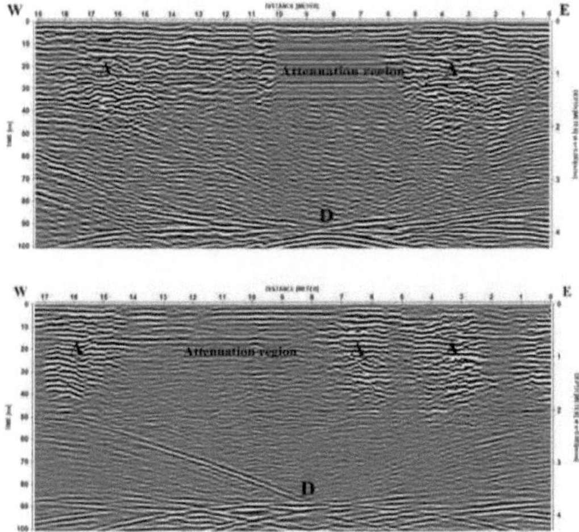

Fig. 46 Radargramas 2D na Sala do Capítulo: Linha B (em cima); linha A (em baixo).

Ambos os perfis mostram eventos muito fortes, bem como uma grande zona de atenuação. Os eventos fortes, marcados como A, representam reflexões de alvos enterrados. O evento a oeste corresponde a um túmulo conhecido, mas os eventos a leste são de origem desconhecida.

Embora o equipamento esteja blindado, ambos os radargramas mostram ondas directas provenientes do teto e das paredes laterais. O mais relevante, marcado como D, representa a energia reflectida do teto.

As secções de tempo estão representadas na Fig. 47. Estes cortes de tempo revelam várias áreas de interesse, mas o corte de tempo inferior, T=58,838ns, aparentemente perde toda a informação relevante.

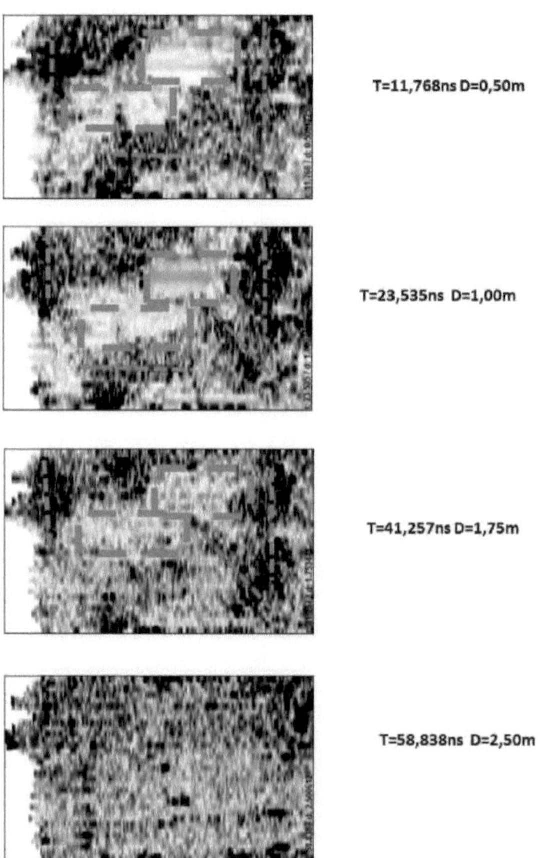

Fig.47 Fatias de tempo na sala do capítulo

Assim, nos três primeiros cortes temporais, os rectângulos a tracejado são zonas de alta atenuação,

42

também mostradas nos radargramas da Fig. 46, enquanto as linhas a tracejado correspondem a alinhamentos energéticos. O alinhamento à esquerda dos cortes temporais está na zona do túmulo conhecido, mas os outros dois são desconhecidos até à data.

A linha azul a tracejado corresponde a um evento de alta energia sem ortogonalidade com os outros e com as paredes da Sala do Capítulo. Embora a sua origem seja desconhecida, poderá tratar-se de uma infraestrutura.

Como os radargramas da Fig. 46 mostram fortes reflexões do teto, foi possível construir cortes temporais para tempos de viagem mais longos e velocidade de 0,3m/ns, Fig. 48.

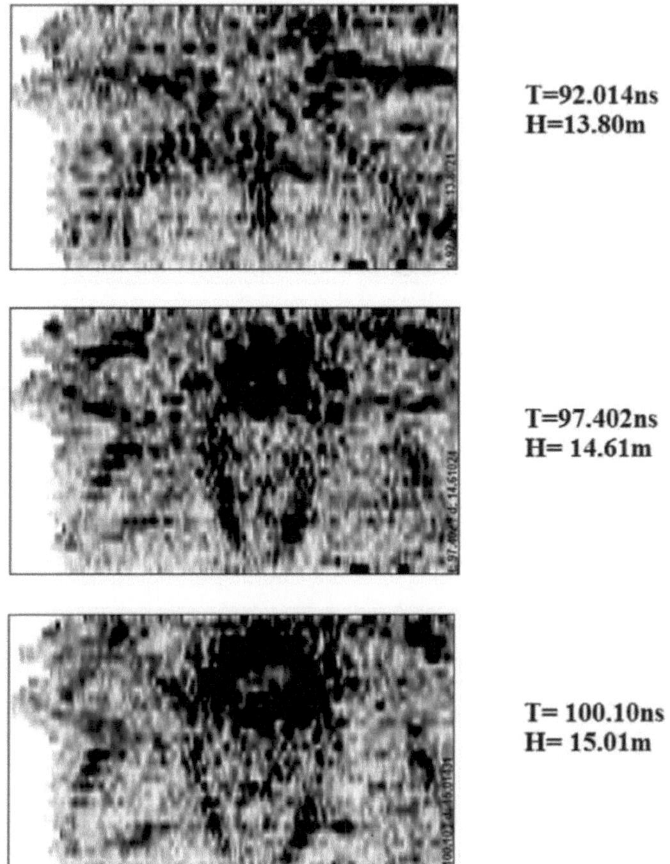

Fig. 48 Energia GPR reflectida no teto da Sala do Capítulo - o StarVault

A partir destes cortes temporais é claro o reflexo da abóbada estelar no teto, em particular para T=97.402ns onde uma imagem muito boa da abóbada é reproduzida pelos dados GPR. Este intervalo de tempo foi projetado no mapa da Sala do Capítulo, Fig. 49 e, como se vê, há uma perfeita simetria e correspondência dos dados com a localização real da abóbada estrelada.

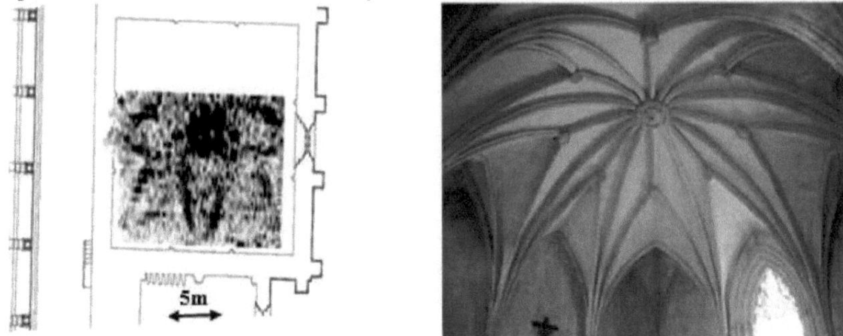

Fig. 49 A abóbada estelar: Dados GPR para T=97.402ns (direita); a abóbada estelar (direita)

Assim, neste caso particular, o GPR, normalmente considerado como ruído, foi explorado com sucesso para fornecer uma imagem do teto da Sala do Capítulo. Simultaneamente, a projeção dos dados GPR provou a qualidade e a precisão do levantamento GPR.

CAPÍTULO 7

7. Integração da resistividade 3D e do radar de sondagem do solo

Como discutido anteriormente, algumas áreas no Mosteiro da Batalha foram pesquisadas usando GPR 3D e resistividade 3D. Atualmente é possível sobrepor informação e modelos de ambos os métodos para verificar e melhorar a interpretação.

No caso da Nave, o levantamento de resistividade 3D foi realizado com um maior espaçamento entre os eléctrodos A e M e, por isso, os dados perdem alguma discriminação, mas oferecem um zonamento da região que foi facilmente interpretado em termos das características arquitectónicas mais importantes da Nave.

Por outro lado, as sondagens na Sala do Capítulo e na Capela do Souza oferecem informações detalhadas e, portanto, os modelos de GPR e de resistividade 3D podem ser interpretados em conjunto.

7.1 Sala do Capítulo

O levantamento GPR 3D e as imagens do levantamento de resistividade 3D da Sala do Capítulo são mostrados na Fig. 50, T= 11,768ns (esquerda), d=0-0,50cm (direita). Como se vê, é clara a correspondência entre os dados e os modelos fornecidos pelos dois métodos. Os rectângulos I e II de alta atenuação do GPR correspondem de perto aos rectângulos condutores A e B no modelo de resistividade 3D. Além disso, existe uma estreita concordância entre os alinhamentos GPR de alta energia e as anomalias lineares resistivas.

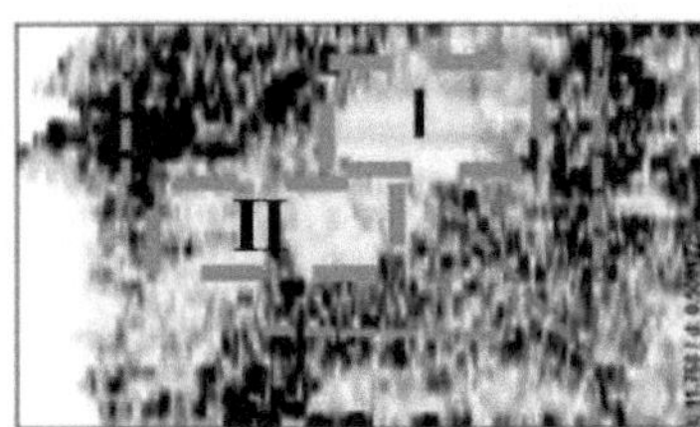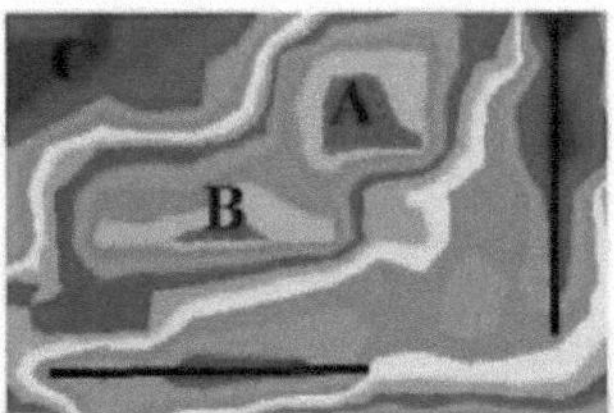

Fig. 50 Corte de tempo GPR, T=11,768ns, D=0,50m, (3D esquerdo) e resistividade 3D, d=0 -0,50m (direita)

Os dados da Fig. 50 foram sobrepostos e apresentados na Fig. 51.

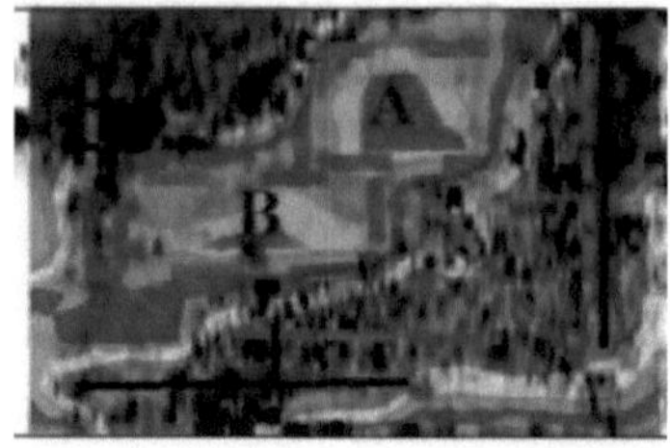

Fig. 51 Sobreposição de GPR e resistividade 3D

Como se pode ver, a concordância entre as informações obtidas com o GPR e a resistividade 3D é estreita. Por conseguinte, é evidente que as autoridades arqueológicas devem prosseguir a investigação nesta área utilizando métodos de escavação direta. A correspondência entre o intervalo de tempo em que a imagem da abóbada estelar é mais clara e a resistividade 3D é mostrada na Fig. 52, profundidade 0-0,50m, intervalo de tempo T=97,402ns.

A correspondência entre o retângulo condutor A e a projeção da abóbada estrelada é notória. É possível que a área definida pelo retângulo condutor A tenha desempenhado um papel importante na construção da abóbada, ou seja, pode corresponder ao local onde foi erguida algum tipo de estrutura de suporte que posteriormente foi retirada, deixando um espaço preenchido com terra.

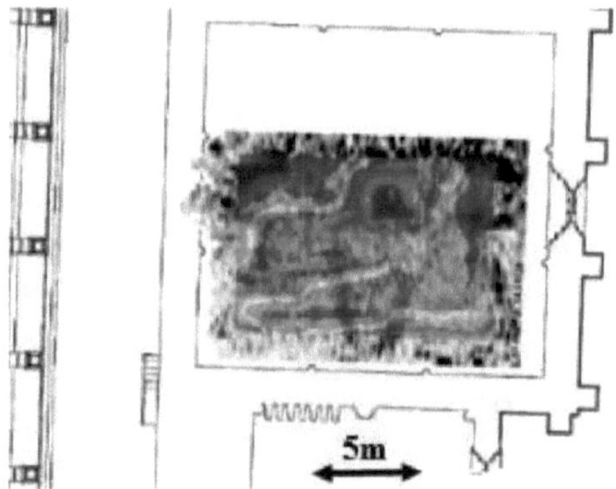

Fig. 52 Projeção de dados GPR

7.2 Capela do Souza

A Capela do Souza também foi pesquisada usando GPR 3D e resistividade 3D e a Fig. 53 mostra os resultados obtidos de ambos os métodos. O retângulo de alta energia nos dados do GPR, à esquerda da Fig. 53, corresponde a uma clara anomalia resistiva, à direita da Fig. 53. Este comportamento é o oposto do verificado nos Capítulos Sala, uma vez que agora a resistividade elevada corresponde a eventos de alta energia.

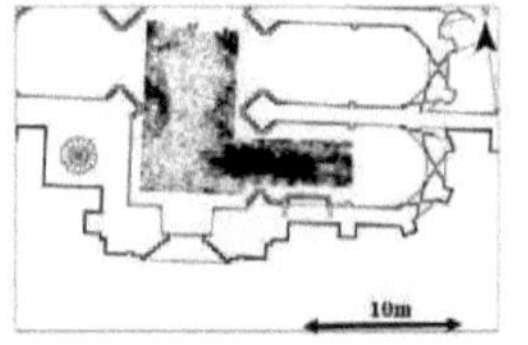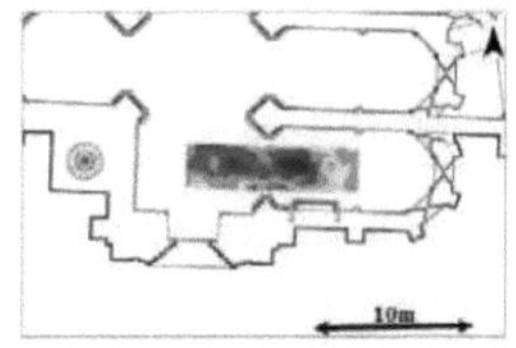

Fig. 53 Dados GPR 3D (T=20.90ns, D= 1.03m) e resistividade 3D (d=0-0.50m)

Uma vez que o GPR 3D revela eventos de alta energia, é mais provável que esta anomalia corresponda a uma estrutura de pedra e não a um vazio, mencionado como uma possibilidade quando os dados de resistividade 3D foram interpretados pela primeira vez. Isto é corroborado pelos radargramas obtidos nesta área, Figs. 35 e 36, onde os eventos de difração são claramente registados.

A sobreposição de ambas as imagens da Fig. 53 está representada na Fig. 54 e, como se pode ver, existe uma correspondência quase perfeita entre os dados GPR e a modelação da resistividade 3D.

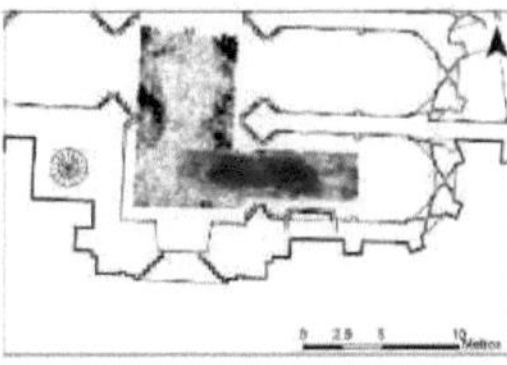

Fig. 54 Superposição entre GPR 3D e resistividade 3D na Capela do Souza

CAPÍTULO 8

8. Tomografia sísmica: os pilares da nave

A tomografia sísmica é uma técnica de imagiologia que fornece uma secção transversal de um alvo como resposta à passagem de ondas sísmicas através desse alvo.

Assim, os métodos tomográficos sísmicos requerem uma fonte de ondas sísmicas e receptores para registar a chegada da energia sísmica. O método utiliza ondas directas entre a fonte e um conjunto de receptores para construir uma rede de trajectos de raios sísmicos que percorrem os meios. Esta técnica tem sido utilizada em investigações arqueológicas, Nazarian et al, 2007, Masini e Soldoveri, 2017, e na caraterização do património construído, Santos-Assuncao, 2014,Fokin et al, 2012 e Santos-Assuncao, 2014.

Os métodos de tomografia sísmica permitem a determinação da propagação de ondas sísmicas directas. A velocidade sísmica é mais elevada em rochas compactas, mas os valores da velocidade diminuem com a meteorização, a degradação dos materiais, tais como fissuras, juntas, ou material solto e menos compacto. Por conseguinte, as imagens de tomografia sísmica podem fornecer provas da qualidade da pedra, da argamassa e do material de enchimento no interior de paredes, colunas, etc.

Foram utilizadas técnicas de tomografia sísmica para investigar a estrutura dos pilares da Nave do Mosteiro da Batalha, Fig. 55.

Fig. 55 Colunas da Nave do Mosteiro da Batalha

As colunas foram construídas com calcário proveniente de pedreiras próximas e a sua secção não é um polígono regular, uma vez que são finamente trabalhadas em arcos de circunferência.

De acordo com a tradição, presume-se que foi utilizado calcário nas partes exteriores das colunas e que o seu interior foi preenchido com detritos, fragmentos de rocha e argamassa.

A partir de uma simples inspeção visual, as colunas mostram diferentes graus de decaimento e, assim, cada coluna deverá ter a sua própria resposta à tomografia sísmica. Assim, um levantamento tomográfico sísmico dos pilares contribuirá para investigar a natureza dos materiais utilizados na sua construção, mas também permitirá uma comparação entre os pilares e, por conseguinte, uma comparação entre diferentes graus de decaimento.

No entanto, a utilização de técnicas de tomografia sísmica para investigar os problemas acima referidos exigia uma fonte que não causasse danos aos pilares.

Para isso, foi utilizado um pequeno martelo e o impacto foi feito numa placa de PVC, Fig. 56 (esquerda). Os receptores foram implantados à volta do pilar utilizando uma banda elástica e fita adesiva para promover um contacto seguro e eficiente com a superfície do pilar, Fig. 56 (direita).

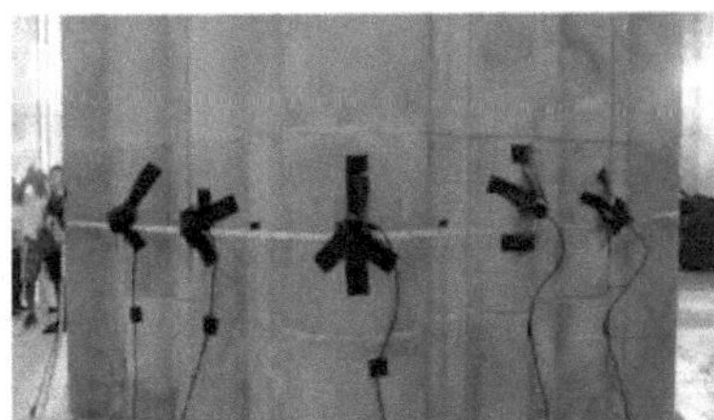

Fig. 56 Fonte sísmica (esquerda); Conjunto de geofones (direita)

Como a secção das colunas não é um polígono regular e é necessária uma precisão muito elevada na localização das fontes e dos geofones, foi utilizada a digitalização fotogramétrica para obter um modelo digital das colunas, Fig. 57 (esquerda), bem como a localização precisa das fontes (Ti) e dos geofones (Gi), Fig. 57 (direita).

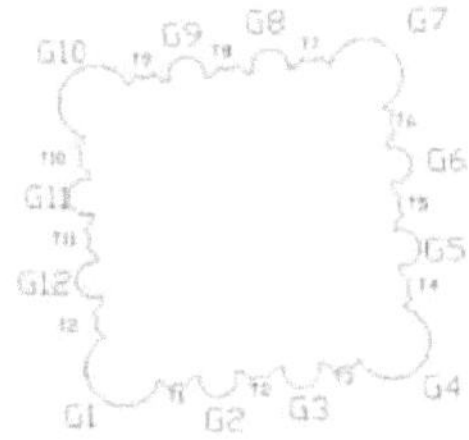

Fig. 57 Modelo digital de uma coluna (esquerda); localização das fontes, Ti, e dos geofones, Gi, à direita

A partir da localização das fontes e dos geofones, são construídos os caminhos directos das ondas sísmicas, linhas rectas pretas daFig. 58.

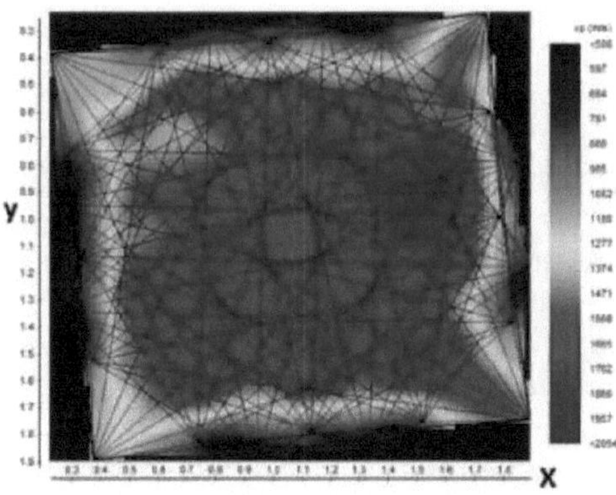

Fig.58 Trajectórias das ondas directas da Tomografia Sísmica

O tempo de percurso de todas as trajectórias possíveis é registado e armazenado. Em seguida, o interior da coluna é dividido em pixels/células e é atribuído um valor de velocidade a cada um deles. Considerando o tempo total de deslocação e as distâncias de todos os percursos, é possível calcular um modelo de distribuição da velocidade sísmica em todas as células, Fig. 58, Dobrokau e Kis, 2001. As variações de velocidade são interpretadas como heterogeneidades, diferentes materiais de construção, meteorização, vazios, etc., no interior do pilar.

No caso do Mosteiro da Batalha, por razões logísticas e de ocupação diária da Nave, o estudo limitou-se a dez colunas e as medições foram efectuadas a uma única altura de 1,5m em cada uma delas. Assim, como já foi referido, os resultados permitem um estudo comparativo das colunas, Fig. 59.

Os valores de velocidade apresentam uma ampla gama de variações. Em termos gerais, quanto maior for a velocidade, mais compacta é a rocha ou o material de construção utilizado. As cores laranja e laranja escuro referem-se a valores de velocidade superiores a 1500 m/s e devem corresponder a regiões onde prevalece o calcário de boa qualidade. Por outro lado, as cores amarelas/verdes referem-se a valores de velocidade inferiores a 1200 m/s e devem ser interpretadas como correspondendo a calcário de baixa qualidade, material intemperizado e/ou material de enchimento e argamassa.

A análise da Fig. 59 mostra que a parte exterior das colunas é feita de rocha dura (cores laranja e laranja escuro), enquanto o interior deve ser construído com enchimentos (cores amarelo/verde).

No entanto, mesmo nas regiões onde prevalece uma velocidade mais elevada, existem algumas variações que podem ser interpretadas como calcário de qualidade diferente.

Um estudo comparativo de todas as colunas, com base nas velocidades tomográficas sísmicas, mostra que algumas colunas estão em melhores condições, ou seja, apresentam maiores áreas de maior velocidade, do que outras que apresentam maiores áreas de baixa velocidade.

Por conseguinte, a colunal mostra um anel exterior composto por calcário, mas o seu interior é caracterizado por valores de velocidade baixos, pelo que deve ser calcário de baixa qualidade ou material de enchimento.

Por outro lado, a coluna 6 apresenta valores de velocidade elevados na maior parte das regiões e, por conseguinte, deve estar em muito melhores condições do que a coluna 1. Observando todas as colunas, parece que as colunas 2, 3, 6 e 8 estão em melhores condições do que as outras, mas as colunas 1 e 10 parecem estar nas piores condições.

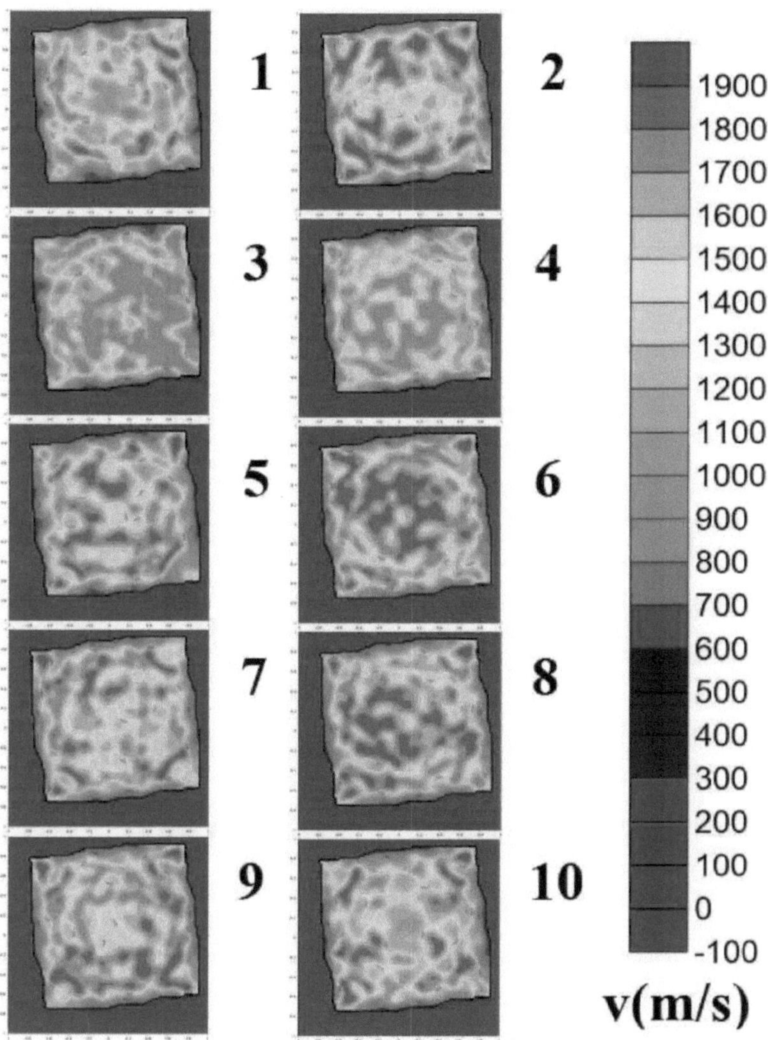

Fig. 59 Imagens tomográficas sísmicas dos pilares a uma altura de 1,5 m

Por fim, a Fig. 60 mostra todos os modelos de tomografia sísmica para o conjunto completo de pilares traçados de acordo com a sua posição na Nave.

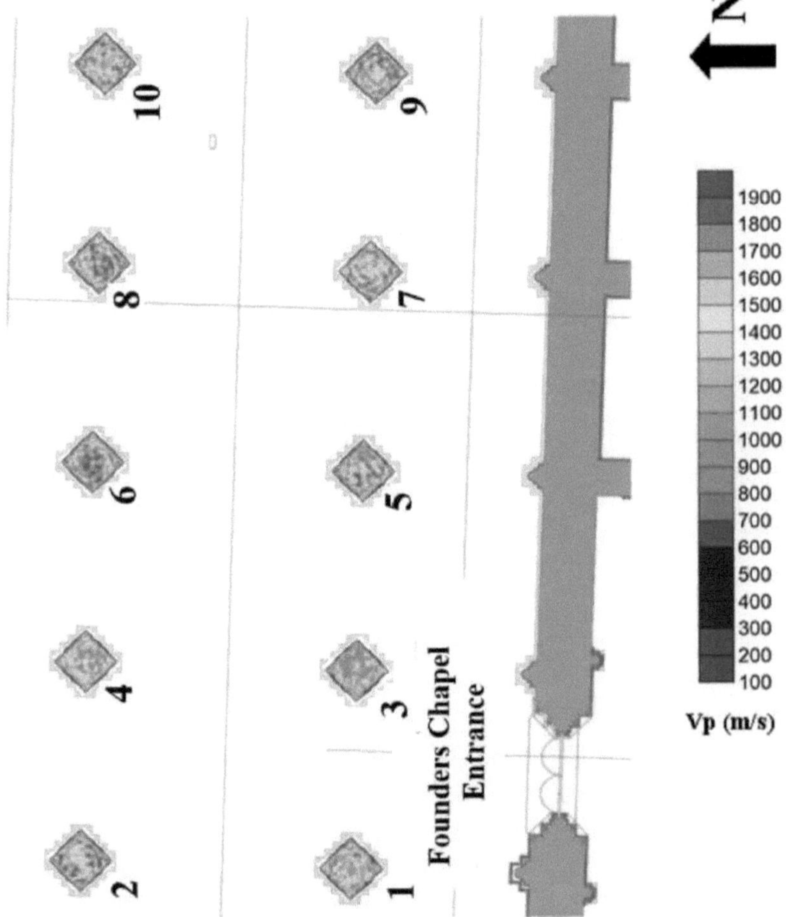

Fig. 60 Modelos de tomografia sísmica traçados na sua localização na Nave

CAPÍTULO 9

9. Observações finais

O estudo e a caraterização do património construído e dos monumentos requerem a utilização de técnicas não invasivas. Os métodos geofísicos revelaram-se adequados para a realização de um tal estudo e para fornecer resultados valiosos.

Devido à natureza dos problemas a investigar, a utilização integrada de diferentes métodos geofísicos é a melhor abordagem para obter informações fiáveis e úteis.

As técnicas e os equipamentos geofísicos tradicionais de campo devem ser considerados e desenvolvidos, de modo a que a aquisição de dados se processe sem que sejam infligidos danos físicos ou químicos aos monumentos.

Foi desenvolvido um conjunto de eléctrodos específico para utilização em ambientes urbanos, testado e o processamento de dados, baseado na teoria do campo potencial elétrico direto, provou testar a qualidade das medições no terreno e fornecer uma visão qualitativa rápida das áreas investigadas.

Aspectos específicos do processamento de dados GPR também foram considerados e utilizados, de modo a que a exploração completa das capacidades GPR neste tipo de investigações possa ser feita.

O levantamento geofísico integrado no Mosteiro da Batalha permitiu a obtenção de imagens do terreno e a localização de anomalias de grande interesse para futura investigação direta (escavações) sob a Nave e a Sala dos Capítulos. O esclarecimento da natureza e origem destas anomalias ajudará a compreender a História e a construção do Mosteiro da Batalha.

A estrutura interna e os materiais de construção das colunas foram efectuados com sucesso, contribuindo para a clarificação dos materiais e técnicas de construção utilizados na sua construção.

É de salientar que as técnicas indirectas não substituem os métodos directos. No entanto, os métodos directos fornecem informação pontual, a não ser que se realizem grandes trabalhos de escavação, intensivos em mão de obra, lentos e dispendiosos. Por outro lado, as técnicas indirectas não invasivas são métodos rápidos e mais económicos que podem fornecer imagens de grandes áreas dos alvos a estudar e, assim, delimitar e orientar as áreas a pesquisar com métodos directos. Com esta abordagem, os custos são limitados e as decisões sobre um levantamento informado são mais fáceis de tomar.

É óbvio que, tendo em conta as circunstâncias e as características particulares do local, o equipamento e as técnicas de campo podem ser utilizados em quaisquer outros monumentos onde as intervenções devam ser feitas por métodos indirectos antes da utilização de técnicas invasivas directas mais agressivas.

CAPÍTULO 10

10. Agradecimentos

Os autores agradecem o contributo da Câmara Municipal da Batalha, aos trabalhadores do Mosteiro da Batalha, Dryas (Coimbra) pelo empréstimo de algum equipamento de campo e à Fundação para a Ciência e Tecnologia, projeto UID/GEO/04035/2013, pelo apoio financeiro.

CAPÍTULO 11

11. Bibliografia

Almeida, F., Carmine, P., Goncalves, L., Daniel, L.,2001, Odd-Even Pole Pole Spread electrode commutation in resistivity 2D cross borehole and 3D surface imaging (Porto/Portugal underground tunnelling case studies. *Actas do 7° Encontro de EEGs EGS101,* Birmingham, Reino Unido.

Almeida, F., Barraca, N., Moura, R., and Matias, M., 2016, Odd-even Pole-pole Array and 3D Resistivity Surveys in Urban and Historical Areas, Proceedings of 22nd Near Surface Geophysics Meeting, DOI: 10.3997/2214-4609.201601965.

Annan AP. 2001. Ground Penetrating Radar Workshop Notes. Sensors & Software Inc.

Barraca, N., Almeida, M., Varum, H., Almeida, F., Matias, M., 2016. Um caso de estudo da utilização de GPR para reabilitação de um edifício classificado Art Deco: A casa InovaDomus, Journal ofApplied Geophysics 127,1-13.

Beard, L.P., Tripp, A.C., 1995. Investigando a resolução de matrizes IP usando a teoria inversa. Geofísica 60, 1326-1341.

Benedetto e Pajewski, (Eds.), 2015, Civil Engineering Applications of Ground Penetrating Radar, Springer Transactions in Civil Engineering and Environment. Springer, http://dx.doi.org/10.1007/978-3-319-04813-0 (373 pp,ISBN 978-3-319-048123).

Brunel, P., 1994. Dispositivo multielectrodo em corrente contínua. Estudo e aplicação de estruturas bidimensionais. Estas Nações Unidas, Paris 6.

Cataldo, R., Donno, A., Nunzio, G., Leucci, G., Nuzzo, L., Siviero, S., 2005. Métodos integrados para a análise da deterioração do património cultural: a cripta da cattedrale di otranto. J. Cult. Herit. 6, 29-38.

Capitani, D., Di Tullio, V., Proietti, N., 2012. Ressonância magnética nuclear para caraterizar e monitorizar o património cultural prog. Nucl. Mag. Res. Sp. 64, 29-69.

Castellaro, S., Imposa, S., Barone, F., Chiavetta, F., Gresta, S., Mulargia, F., 2008. Levantamento georadar e sísmico passivo no anfiteatro romano de Catânia (Sicília) J. Cultur. Património 9, 357-366

Chavez, G., Tejero, A., Alcantara, M.A., Chavez, R.E. [2011] A matriz L, uma ferramenta para caraterizar um padrão de fracturação numa zona urbana. Resumos alargados P114155 ,*NSG 2011,* Leicester, EAGE.

Chavez, R.E., Cifuentes,G., Argote, D.L., Hernandez, J.E. [2015] Uma matriz especial ERT-3D realizada para investigar o subsolo da Pirâmide El Castrillo, Chichen Itza, México. Resumos alargados We21B17, *NSG 2015,* Turim, EAGE.

Clearbout, J. F., 1985, Fundamentals of Geophysical Data Processing, Blackwell Science Inc; **ISBN-13:** 978-0865423053, 274pp.

Conyers, L. B., 2004, Ground-Penetrating Radar for Archaeology, Altamira Press, Walnut Creek, CA;, ISBN 0-759107734, 203pp.

Cosentino, P., Capizzi, P., Martorana, R., Messina, P., Schiavone, S., 2011. Da geofísica à microgeofísica para a engenharia e o património cultural. Int. J. Geophys. 2011. http;//dx.doi.org/10.1155/2011/428412.

Coutinho, R., Mayne, P., 2012. Geotechnical and Geophysical Site Characterization, 1912 pp. CRC Press (ISBN 9780415621366).

DC2DInvRes - Inversão e Resolução 2D de Corrente Contínua. 2007. Disponível em http;//dc2dinvres.resistivity.net/

Dobrokau, M., Kis, M., Generalized Seismic tomography algorithms, Publications of the University of Miskolc, Series A, Mining, Vol. 59. Geociências, (2001), pp. 95-114

Faella, G., Frunzio, G., Guadagnuolo,M., Donadio, A., Ferri, L., 2012. A Igreja da Natividade em Belém; ensaios não destrutivos para o conhecimento estrutural. J. Cult. Herit. 13, e27-e41.

Fokin,I., Basakina, I., Kapustyan, N., Tikhotskii, S., Schur , D., 2012, Application of travel-time seismic tomography for archaeological studies of building foundations and basements, Seismic Instruments,vol. 48, 185-195, DOI; 10.3103/S074792391202003X

Habberjam, G., 1979. Observações de resistividade aparente e a utilização de técnicas de matriz quadrada. Geopublication Associates, Geoexploration Monographs, 1(9), Gebr. Borntraeger, Berlim, 152.

Hermozilha, H., Grangeia, C., Varum, H., Matias, M., 2009. A High Resolution GPR Experiment to Characterize the Internal Structure of a Damaged Adobe Wall, First Break, Volume 27, agosto de 2009. pp. 79-84.

http://meteo.pt/sismologia/sismologia.html

Instituto Português do Património Arquitetónico, IPPAR, 2000, Guia do Mosteiro da Batalha.

Loke, M.H. e Barker, R.D., 1996, Practical techniques for 3D resistivity arrays and data inversion, Geophysical Prospecting, **44**, 499-523.

Loke, M-H., 1999, Electrical imaging surveys for environmental and engineering studies - a practical guide to 2D and 3D surveys, 67pp, www.heritagegeophysics.com.

Loke M. Barker R. Rapid least-squares inversion of apparent resistivity pseudo sections using aquasi-Newtonmethod. Geophysical Prospecting. 1996; 131-152.

Martinho, E., Dionísio, A., 2014. Principais técnicas geofísicas utilizadas para avaliação não destrutiva em património cultural edificado: uma revisão. J. Geophys. Eng. 11 (5).

Matias, M., Almeida, F., Moura, R., Barraca, N., 2017, Geofísica de alta resolução na investigação da estrutura interna de muros e colunas da Abadia da Batalha, Proceedings of the 23rd Near Surface Geophysical Meeting,

Masini, N. e Soldoveri, F. (editores), 2017, Sensing the Past, from artefact to historical site, Springer Pub, DOI:10.1007/978-3-319-50518-3.

Murphy, James, 1795, Plans Elevations Sections and Views of the Church ofBatalha, in the province of Estremadura in Portugal, impresso por I & J. Taylor, High Holborn, Londres.

Nazarian, S., Xiong, Y., Rosenblad, B., 2007. Innovative applications of geophysics in civil engineering (Aplicações inovadoras da geofísica na engenharia civil). Sociedade Americana de Engenheiros Civis (ISBN (978-0-7844-0908-4).

Parasnis, D.S., 1997, Principles of Applied Geophysics, 5ª ed., Chapman et al, Londres, Reino Unido.

Panisova, J., Frastia, M., Wunderlich, T., Pasteka, R., Kusnirak, D., 2013. Investigações de microgravidade e radar de penetração no solo de características de subsuperfície no Mosteiro de Santa Catarina. SlovakiaArchaeol. Prospect. 20, 163-174.

Robain, H., Albouy, Y., Dabas, M., Descloitres, M., Camerlyinck, C., Mechler, P., Tabbagh, A., 1999. The location of infinite electrodes in pole-pole electrical surveys: consequences for 2D imaging, Journal ofApplied Geophysics 41, 313-333.

Roy, A., Apparao, A., 1971. Profundidade de investigação em métodos de corrente direta. Geofísica 36, 943-959.

Sigurdsson,T., 1995, Ground Penetrating Radar for geological mapping, Aarhus Geoscience, vol. 3, ISBN 8787529947, Aarhus, Dinamarca, 117pp.

Santos-Assuncao, S., Perez-Gracia, V., Gonzalez, R., Caselles, O., Clapes, J., Salinas, V., Geophysical exploration of columns in historical heritage buildings, Actas da 15ª Conferência Internacional sobre Radar de Penetração no Solo, 30 de junho de 2014 a 4 de julho de 2014

Tejero-Andrade, A., Cifuentes, G., Chavez, R.E., Lopez Gonzales, A., Delgado- Solorzano C.,2015, "L" array and "Corner" arrays in 3D electrical resistivity tomography: Uma alternativa para zonas urbanas, Near Surface Geophysics,13, 1-13.

Printed by Books on Demand GmbH, Norderstedt / Germany